Ewald Langenscheidt

Geologie der Berchtesgadener Berge

Die Herausgabe wurde finanziell
unterstützt durch den
Verein der Freunde des Nationalparks
Berchtesgaden e.V.

Inhaltsverzeichnis

Einleitung

Das Berchtesgadener Land ist ein Teil der Nördlichen Kalkalpen, die durch mächtige Karbonatentwicklungen mesozoischen Alters gekennzeichnet sind. Hohe Berge mit steil aufragenden und schroffen Felswänden bestimmen das Landschaftsbild. Diese erstrecken sich in Ost-West-Richtung von Wien bis an den Rhein und bilden die markante morphologische Nordfront der Alpen. Das hügelige Bild des Alpenvorlandes wird durch die weicheren Gesteine des Flyschs und Helvetikums bestimmt, die aus dem ehemaligen penninischen Ozean hervorgingen. Die nördliche Grenze ihrer Verbreitung ist die eigentliche geologische Nordgrenze der Alpen. An sie schließt die Faltenmolasse an, die durch den Nordschub der Alpen gestaucht wurde. Noch weiter nördlich überdecken Moränenablagerungen und Terrassenschotter großflächig Sedimente der ungefalteten Molasse bis etwa zur Donau. Nach Süden folgt an die Berchtesgadener und Salzburger Kalkalpen die Grauwackenzone mit paläozoischen Gesteinen. Dort bedingen diese weicheren Gesteine beinahe eine den Mittelgebirgen ähnliche Landschaft. Weiter gegen Süden schließen sich die Zentralalpen an, in ihrem innersten Bereich erscheinen Gesteine des Penninikums im sogenannten Tauernfenster. Die südlichen Kalkalpen mit den Dolomiten zeigen eine ähnliche Schroffheit in ihrem Erscheinungsbild wie die Nördlichen Kalkalpen. Kalke der Kreide und des Alttertiärs setzen in den Dinariden den Bereich alpidischer Gebirgsbildung bis nach Griechenland fort. Die Poebene und das Pannonische Becken sind in etwa mit dem nördlichen Alpenvorland vergleichbar. Auch sie nehmen in großer Menge Abtragungsschutt aus dem Hochgebirge auf.

Diese sehr vereinfachte Darstellung vermittelt in groben Zügen den Bau der Ostalpen. Die Westalpen – die Grenze wird ungefähr entlang der Linie Bodensee – Mailand gezogen – zeigen einen grundsätzlich anderen Baustil. Das morphologische Erscheinungsbild der Berchtesgadener Alpen mit ihren Steilwänden täuscht darüber hinweg, daß viele Gebirgsstöcke, wie das Steinerne Meer oder das Hagengebirge und die Reiteralm, in ihren zentralen Bereichen Plateaucharakter besitzen. Andere Bergstöcke zeigen dagegen ausgeprägte Kämme; Watzmann und Hochkalter mögen hierfür als Beispiel dienen.

Obwohl die absolute Höhenlage eher gering ist, Berchtesgaden 571 m, Königssee 603 m und keiner der Gipfel 3000 m erreicht, besitzt das Berchtesgadener Land mit der Watzmann-Ostwand doch die höchste Wand der gesamten Ostalpen. Vom Königssee bis zum Gipfel des Watzmanns sind es über 2100 m Höhenunterschied, die reine Wandhöhe beträgt dabei 1800 m. Diese

wenigen Zahlen verdeutlichen eindrucksvoll den Hochgebirgscharakter und das ausgeprägte Relief des Berchtesgadener Landes.
So liegt das Berchtesgadener Land mit seinen steilen Wänden eingebettet im Norden und Süden in wesentlich weicheren Landschaftsformen. Dagegen setzt sich nach Osten und Westen innerhalb der Kalkalpen die Schroffheit seines Charakters fort.

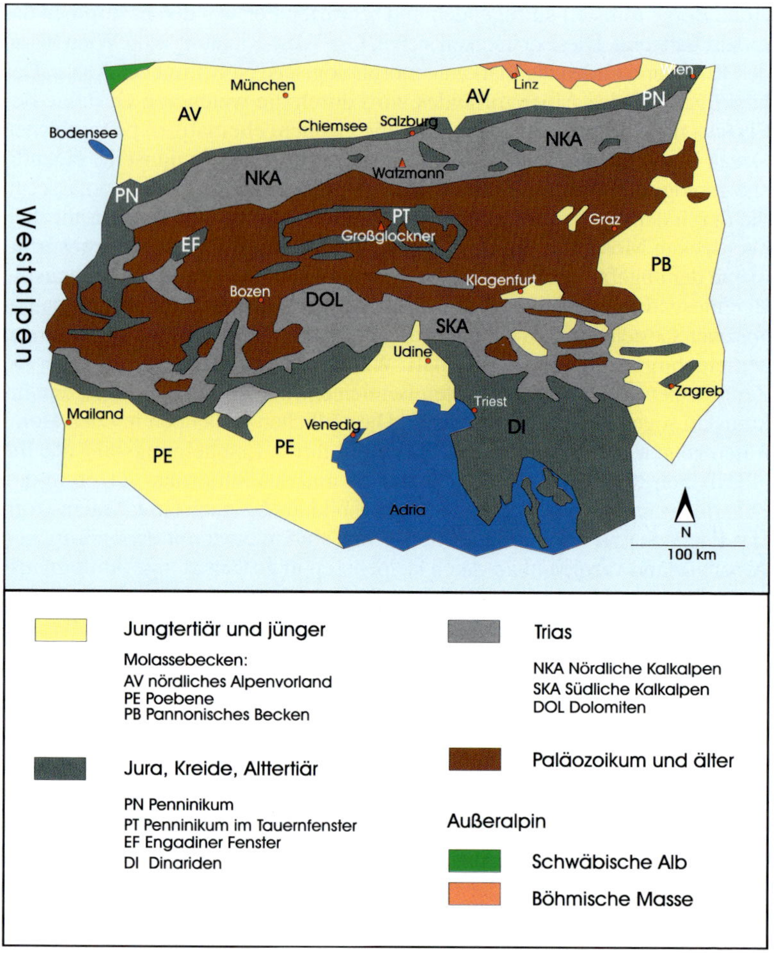

Vereinfachte geologisch-tektonische Übersichtskarte der Ostalpen.

Erforschungsgeschichte

Geologische Forschungen besitzen in Bayern eine lange Tradition. Schon 1792 erschien von M. v. FLURL eine „Beschreibung der Gebirge von Bayern und der oberen Pfalz“, welche auch eine erste gesteinskundliche Karte beinhaltete. Mitte des 19. Jahrhunderts wurden von C. W. v. GÜMBEL mehrere Arbeiten bekannt, die sich mit dem bayerischen Alpenanteil beschäftigen. Gegen Ende des Jahrhunderts veröffentlichte E. BÖSE seine Arbeiten aus den Salzburg-Berchtesgadener Kalkalpen, die schon speziell auf einzelne Gebirgsstöcke und die Stratigraphie der Trias eingingen. Danach wurden von verschiedenen Autoren Arbeiten zu einzelnen Themenkomplexen, die das Berchtesgadener Land betreffen, publiziert, auch erste nähere Untersuchungen zur tektonischen Situation wurden veröffentlicht. Insgesamt standen in dieser Zeit tektonische Fragestellungen im Mittelpunkt; über die Torrener-Joch-Zone südlich des Jenners wurde z. T. kontrovers diskutiert, wie auch über den gesamten Baustil der Alpen. Ein erster geologisch-botanischer Führer erschien 1927 von SCHERZER, wobei die speziellen Verhältnisse des Berchtesgadener Landes nach damaligem Kenntnisstand sehr detailliert beschrieben wurden.
Mit der Veröffentlichung der „Geologischen Verhältnisse des Gebirges um den Königssee“ von LEBLING, HABER, HOFFMANN, KÜHNEL & WIRTH (1935) wurde für lange Zeit ein Maßstab vorgegeben, der bis in unsere Zeit Bestand haben sollte. Die dieser Arbeit beigelegte geologische Karte wurde als „Lebling-Karte“ berühmt.
In den fünfziger Jahren wurden vor allem von österreichischer Seite Arbeiten zu Tektonik und Stratigraphie aus den Salzburger Kalkalpen publik. Während der sechziger Jahre beschäftigten sich dann zahlreiche Diplomarbeiten mit speziellen Problemen zu Fazies, Stratigraphie und Tektonik ausgewählter Gebiete des Berchtesgadener Landes. Ein Höhepunkt in dieser Zeit wird durch die Habilitationsschrift von ZANKL (1969) markiert:
„Der Hohe Göll, Aufbau und Lebensbild eines Dachsteinkalkriffes in der Obertrias der Nördlichen Kalkalpen“ trägt wesentlich zum Verständnis der mächtigen Kalkbildungen in den Berchtesgadner Alpen bei. Weitere Arbeiten verschiedener Autoren zu unterschiedlichen Fragestellungen folgen, aber erst mit der Einrichtung des Nationalparks Berchtesgaden 1978 wurde wieder eine geologische Neuaufnahme des gesamten Gebietes angegangen, die in der Zwischenzeit abgeschlossen ist; viele der dabei gewonnenen Erkenntnisse sind in die vorliegende Veröffentlichung mit eingeflossen.

Die Entstehung der Erde

Der genaue Prozeß der Erdentstehung wie auch der Vorgänge, die zur Bildung unseres gesamten Sonnensystems führten, sind nicht abschließend geklärt. So könnte der Ausbruch einer nicht allzu fern gelegenen Supernova mit dazu beigetragen haben, die Geburt unseres relativ jungen Sonnensystems zu ermöglichen. Chemische Prozesse im weiteren Verlauf der Frühgeschichte des Sonnensystems werden für die Bildung der Planeten in zwei Gruppen verantwortlich gemacht: Merkur, Venus, Erde und Mars sind von relativ hoher Dichte und im wesentlichen aus den Elementen Eisen, Sauerstoff, Silizium und Magnesium aufgebaut, dagegen bestehen die Planeten Jupiter, Saturn, Uranus und Neptun hauptsächlich aus Wasserstoff und Helium. Vor ungefähr 4,7 Milliarden Jahren bildete sich unsere Erde vermutlich aus einer Zusammenballung von kosmischem Staub und Gasen. Im weiteren Verlauf der Erdgeschichte kam es infolge zunehmenden Druckes und möglicherweise auch radioaktiver Prozesse zu Stofftrennungen: die schweren Elemente wie Eisen und Nickel sammelten sich zum heißen Erdkern. Um ihn bildeten leichtere Elemente den zähflüssigen Erdmantel und aus erkaltetem Material entstand die dünne Erdkruste und einzelne Kontinentplatten und Schollen, deren älteste bekannte Gesteine etwa 3,8 Milliarden Jahre alt sind. Die Meere und eine Uratmosphäre verdanken ihre Entstehung Entgasungsprozessen, beide aber mit einer von den heutigen Verhältnissen abweichenden, grundsätzlich verschiedenen chemischen Zusammensetzung. Die Atmosphäre, wie wir sie heute kennen, und bestimmte Gesteine haben sich in einem engen Wechselspiel zwischen Tieren und Pflanzen und ihrer Umwelt erst im Laufe der Erdgeschichte entwickelt.

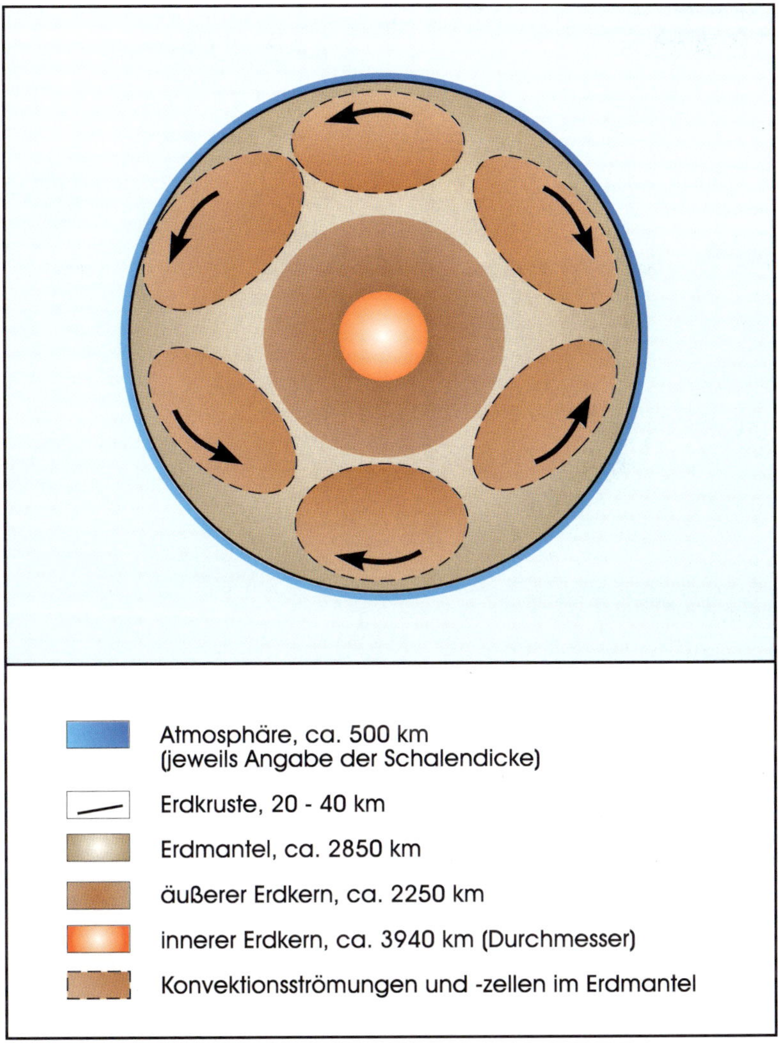

Der Schalenbau der Erde.

Über dem Berchtesgadener Talkessel erhebt sich der Watzmann.

Die Ursachen von Gebirgsbildungen – plattentektonische Prozesse

Im Erdmantel haben sich im Laufe der Zeit Strömungen gebildet, die die einzelnen auf dem Mantel schwimmenden Krustenplatten und Kontinentschollen bewegen, sie werden als Konvektionsströmungen bezeichnet. An einigen Stellen der Erdoberfläche, wie unter dem Atlantik, fördern diese Strömungen in großen Spaltensystemen Material bis an die Oberfläche und der untermeerische Vulkanismus läßt fortlaufend neue Erdkruste entstehen. Dringt dieser Vulkanismus bis über die Meeresoberfläche auf, sind Vulkaninseln die Folge. Island und die Azoren sind ein Teil dieses atlantischen oder mittelozeanischen Rückens. Dieser zwängt die Kontinente Europa und Nordamerika ebenso wie Südamerika und Afrika immer mehr auseinander, der Atlantik öffnet sich immer weiter. Zonen, an denen so neue Erdkruste entsteht, durchziehen in großen Gebirgsketten den Atlantik und den Indischen Ozean, umrahmen die Antarktis und finden sich auch im östlichen Pazifik wieder.
An anderen Stellen dagegen kollidiert die spezifisch schwerere ozeanische Kruste mit leichterer kontinentaler Erkruste, als Folge davon sinkt die eine Platte unter der anderen ab. Gebirge an den Rändern der Kontinente sind die Folge, die Anden in Südamerika sind ein Beispiel für solch ein Kettengebirge. Mit diesen Vorgängen ist meist ein sehr intensiver Vulkanismus verbunden. So umzieht ein Ring von Tiefseegräben und Subduktionszonen mit dazugehörendem Vulkanismus den Pazifik und gleicht so den Krustenzuwachs an dem mittelozeanischen Rücken wieder aus.
Stoßen jedoch, angetrieben durch die Strömungen im Erdinnern und unter Subduktion von Krustenmaterial, zwei Kontinente zusammen, entsteht ein Gebirge vom Typ unserer Alpen. Hier sind hauptsächlich die Kontinente „Afrika“ und „Europa“ beteiligt. Die häufigen Erdbeben in Italien und Griechenland neben dem dort vorhandenen Vulkanismus (Ätna und Stromboli, Santorin und Nisiros) legen nahe, daß die Bewegungen, die zur Bildung der Alpen führten, weiter andauern.
Eine Sonderstellung in diesem Prozeßgeschehen nehmen die „Hot spots“ ein. Dabei wird eine Platte über eine äußerst heiße Zelle von Mantelmaterial bewegt. Immer wieder durchschlägt Vulkanismus die Platte und es bildet sich so eine Inselkette, deren jüngste Inseln von aktivem Vulkanismus gekennzeichnet sind, die älteren dagegen inaktiv und aufgrund zunehmender Absenkung deutlich kleiner erscheinen. Als Beispiel hierfür kann die Inselkette von Hawaii dienen.

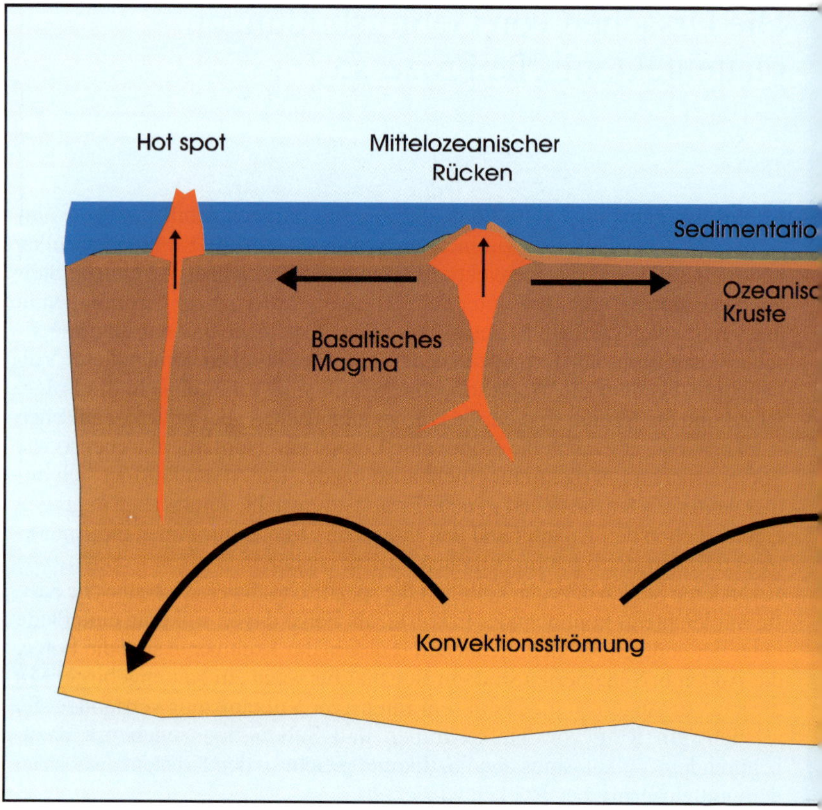

Schematische Darstellung der im Erdmantel ablaufenden Prozesse und ihre Auswirkunge

Es können sich aber auch zwei Platten aneinander vorbei bewegen. Durch Reibungskräfte bauen sich dabei Spannungen auf, die meist in plötzlichen Erdbeben ihren Ausgleich finden und einen ruckweisen Versatz der Platten zur Folge haben. Diese Vorgänge sind aktuell im San Andreas-Graben in Kalifornien zu beobachten, die Stadt San Francisco liegt an dieser äußerst erdbebengefährdeten Zone. In geologischer Zukunft werden sich Los Angeles und San Francisco aneinander vorbei bewegen, da sie auf zwei verschiedenen Platten liegen.

Solche oder vergleichbare Prozesse haben bei der Entstehung der Alpen mitgewirkt. Reste von vulkanischem Meeresboden, der anschließend wieder größ-

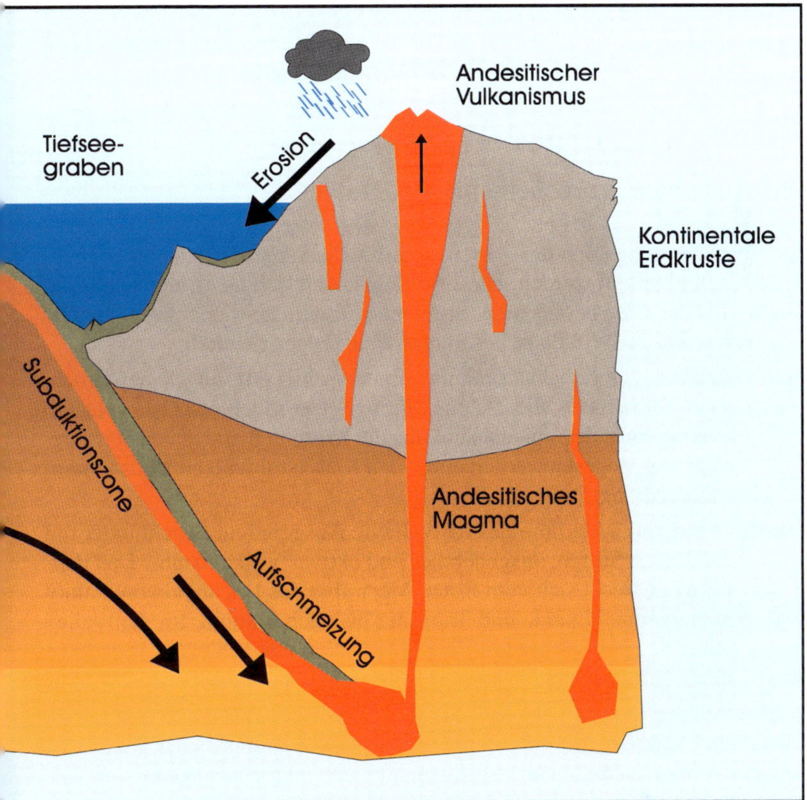

f die Erdkruste.

tenteils verschluckt oder subduziert wurde, finden sich im zentralalpinen Bereich und in den Westalpen. Andere Bewegungen versetzten die Südalpen und die Zentralalpen um mehr als 80 Kilometer seitlich gegeneinander. Gleitvorgänge großen Ausmaßes überdecken in manchen Bereichen aber auch Zonen, in denen solche plattentektonischen Prozesse stattgefunden haben müssen. Diese großen Gleitmassen werden auch als Decken bezeichnet, von daher leitet sich die Bezeichnung „Deckengebirge" für ein Gebirge vom Typ der Alpen ab.

Die geologischen Forschungen haben in den letzten Jahrzehnten zwar immer mehr geholfen, den Bauplan der Alpen und ihre Entstehung in groben Zügen zu verstehen, aber auch ständig neue und kleinere Teile des Puzzlespiels Alpen sichtbar werden lassen, so daß bis zu einer Klärung aller Prozesse und ihres Ablaufs im Detail noch einige Zeit vergehen dürfte.

Das Auseinanderbrechen eines Kontinents

Zur Vereinfachung kann das Auseinanderbrechen eines Kontinents in mehrere Phasen unterteilt werden. Diese Stadien lassen sich heute an verschiedenen Stellen der Erde beobachten. Stellt man diese in zeitlicher Folge hintereinander, wird das Prozeßgeschehen und seine Folgen deutlich.

Erstes Stadium, „Oberrheintalstadium“: Entlang einer groß angelegten Bruchzone (Mittelmeer-Mjöse-Zone, Mjöse-See nördlich von Oslo gelegen) setzt beginnender Vulkanismus ein, die Kristallinmassive von Schwarzwald und Vogesen werden durch den Kaiserstuhlvulkanismus auseinandergedrängt.

Zweites Stadium, „Stadium des Riftvalley“: Ausgeprägte Bruchränder mit deutlichen Stufen, ausgedehnter und aktiver Vulkanismus. Das Riftvalley erstreckt sich vom Roten Meer über das Hochland von Äthiopien, Kenia, Uganda und Tansania bis nach Sambia. Im Riftvalley selbst liegt eine Seenkette. Die sich weithin erstreckenden Vulkangesteine haben einen der ältesten Menschenfunde („Lucie“) konserviert.

In diesen beiden ersten Stadien sind Meeresvorstöße dokumentiert (Bsp.: Salzlagerstätten aus dem älteren Tertiär im Oberrheintalgraben), aber noch konnte das Meer in diesen Grabenzonen nur zeitweilig eindringen.

Drittes Stadium, „Stadium des Roten Meeres“: Langgestreckt zwischen Afrika und der Arabischen Halbinsel, die Bruchränder liegen weit auseinander, durch zunehmende Absenkung konnte das Meer nun endgültig eindringen. Am Boden des Roten Meeres tritt heute Spaltenvulkanismus auf, ein mittelozeanischer Rücken ist im Entstehen begriffen.

Viertes Stadium, „Atlantik“: die Kontinente liegen weit auseinander, zwischen ihnen befindet sich ozeanische Erdkruste und ein aktiver mittelozeanischer Rücken. Gleichzeitig zu diesen Vorgängen wird, wie vorher beschrieben, an anderen Stellen (ozeanische) Erdkruste subduziert oder es bilden sich Gebirge.

Die Bewegungen der Kontinente vom Oberperm bis heute

Die Bewegungen der Kontinente mit verschiedenen Gebirgsbildungen führten vor ca. 250 Millionen Jahren während des Oberperm zu dem Riesenkontinent „Pangaea“, in dem alle gegenwärtigen Kontinentschollen in einer großen Landmasse vereint waren.
Mit dem Zerfall dieser Landmasse beginnt auch die in Gesteinen dokumentierte Geschichte des Berchtesgadener Landes. In der oben dargestellten Art und Weise kann man sich das Auseinanderbrechen von „Pangaea“ an verschiedenen Stellen zeitlich aufeinanderfolgend vor Augen führen.

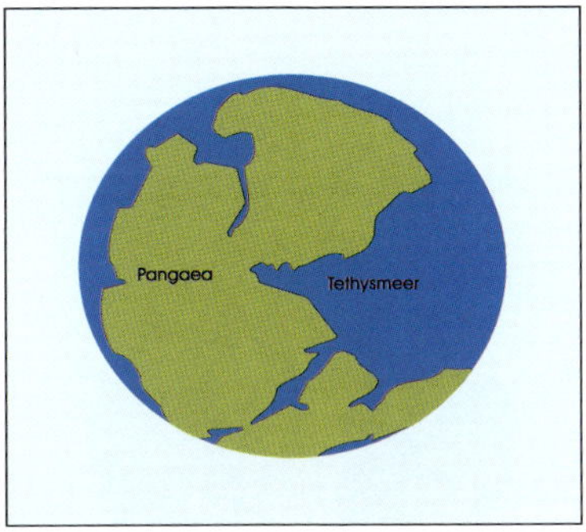

Mögliche Lage der Kontinente im Oberperm.

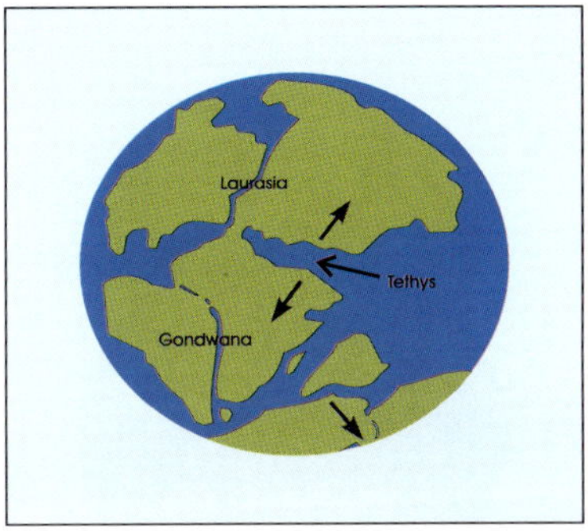

Mögliche Lage der Kontinente in der mittleren Trias.

Während der Trias drang das Tethys-Meer von Osten in die Landmasse ein. Es bildete sich ein Nordkontinent „Laurasia“ und ein Südkontinent „Gondwana”, dazwischen ein ozeanischer Rücken.
An der Wende Trias – Jura war die Maximalausdehnung des Tethys-Meeres erreicht, gleichzeitig begann die Öffnung des Atlantiks, zuerst im zentralen Bereich und zwischen „Ureuropa“ und „Nordamerika“. Im Süden von „Gondwana“ begannen sich weitere Veränderungen abzuzeichnen. Ende der Kreidezeit hatte sich nun auch der Südatlantik geöffnet, „Südamerika“ von „Afrika“ getrennt. Gleichzeitig wurde die Tethys durch die Drehung Afrikas und die Rotation der Iberischen Halbinsel eingeengt. Im Süden des zerbrechenden „Gondwanakontinents“ hatten sich Australien zusammen mit der Antarktis und Indien von Afrika und Südamerika abgelöst, Indien selbst wiederum davon und den Weg nach Norden gegen Asien angetreten.
Erst während des Tertiärs erreichten die einzelnen Kontinente ihre heutige Lage. Im Norden trennten sich Europa und Grönland, im Süden Australien und

die Antarktis. Indien stieß gegen Asien und Nord- und Südamerika verbindet eine Landbrücke. Afrika kollidiert endgültig mit Europa, das Tethys-Meer hörte auf zu existieren.
Die Entstehung der Alpen steht so in ursächlichem Zusammenhang mit dem Auseinanderbrechen von Pangaea. Zum einen wurden so die Räume geschaffen, in denen die Sedimente abgelagert werden konnten, die heute mit am Aufbau der Alpen beteiligt sind, zum anderen hat einsetzende Subduktion und die Umkehr der Kontinentaldrift diese Räume dann wieder eingeengt und die abgelagerten Sedimente in Decken übereinander gestapelt.
Halten die heute feststellbaren Bewegungen der Kontinente in ihrer Richtung und Geschwindigkeit an, so dürften sich in 200 Millionen Jahren alle Kontinentschollen im Gebiet des Pazifik wieder zu einem Riesenkontinent vereinigen.

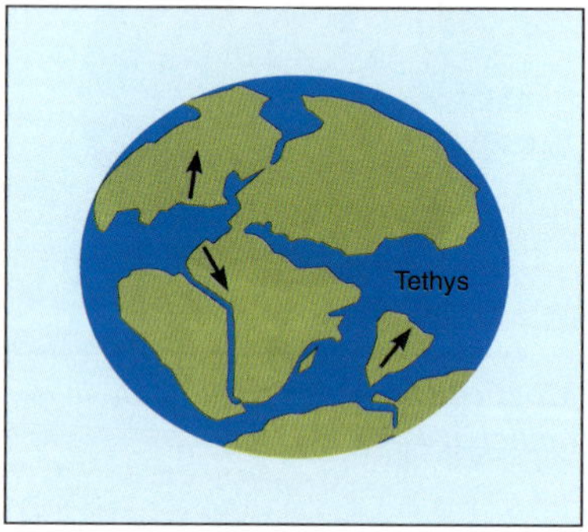

Mögliche Lage der Kontinente an der Wende Trias – Jura.

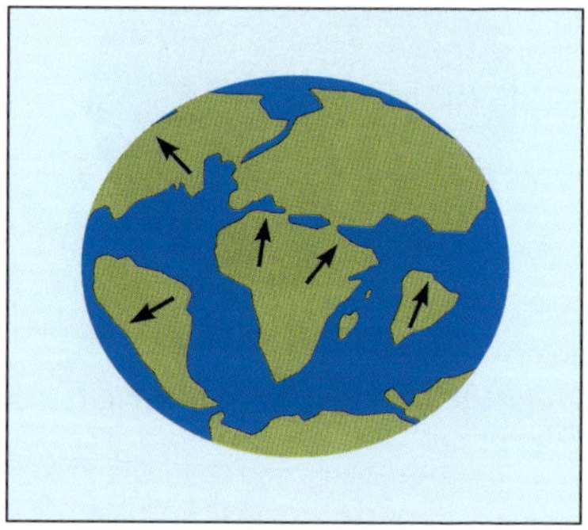

Mögliche Lage der Kontinente an der Wende Kreide – Tertiär.

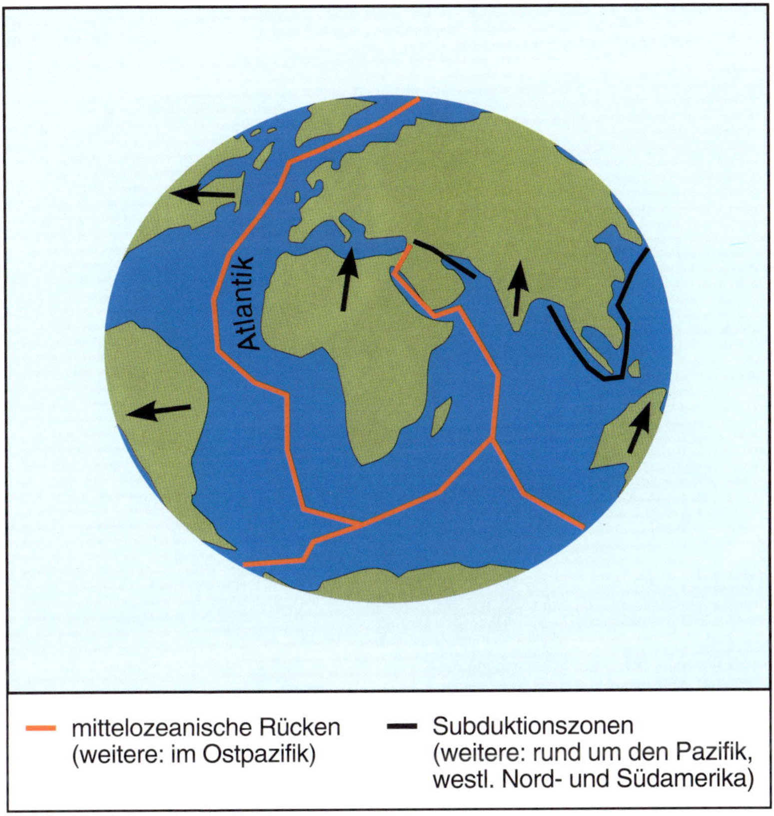

Heutige Lage der Kontinente.

Der Wasserwandkopf im Hochkalterstock.

Minerale und Gesteine

Die häufigsten Minerale und die daraus aufgebauten Gesteine der Berchtesgadener Alpen werden nachfolgend in kurzer Form vorgestellt. Bemerkenswert ist, daß Kalk- und Dolomitgesteine, die in den Berchtesgadener Alpen den überwiegenden Anteil stellen, in der Erdkruste insgesamt mit nur weniger als 1% vertreten sind.

Die am meisten in den Berchtesgadener Alpen verbreiteten Minerale sind:

Kalzit (auch Calcit, Kalkspat): $CaCO_3$ (Kalziumkarbonat), gesteinsbildend.
Bildung: Ausfällung in marinem Milieu, während der Diagenese aus wässrigen Lösungen, als Umwandlungsprodukt von organischem Aragonit ($CaCO_3$) oder magnesiumreichen Kalzit.

Dolomit: $CaMg(CO_3)_2$ (Kalzium-Magnesiumkarbonat), gesteinsbildend.
Bildung: in äußerst flachem marinem Milieu, während der Diagenese.

Quarz: SiO_2 (Siliziumdioxid), als Chalzedon oder in Hornsteinen zusammen mit Kalzit.
Bildung: organisch, Hornsteinbildung meist als diagenetischer Prozeß, als Aufarbeitungsreste anderer Gesteine.

Salze: Halit NaCl (Natriumchlorid), Polyhalit $K_2Ca_2Mg(SO_4)_4 \cdot 2\ H_2O$, zusammen mit Tonen, Anhydrit $CaSO_4$ (Kalziumsulfat) und Gips $CaSO_4 \cdot 2\ H_2O$ im Haselgebirge.
Bildung: Eindampfungen eines flachen hypersalinen Meeresbereiches.

Die Gesteine der Berchtesgadener Alpen lassen sich grob in drei Gruppen einteilen. Es sind dies klastische, evaporitische und chemische bzw. biochemische Sedimentgesteine.

Klastische Sedimentgesteine enthalten Aufarbeitungsprodukte älterer Gesteine in unterschiedlicher Größe und Anteil. So sind Tone feinstkörnige Lockergesteine, Silt- und Sandsteine dagegen verfestigt, meist mit Bindemittel aus Karbonat, Quarz oder Chalzedon. Die Komponenten bestehen in der Regel aus Quarz, aber auch Glimmer und andere Minerale bzw. Gesteinsbruchstücke können in Abhängigkeit vom Ausgangsgestein vertreten sein.
Mergel sind nicht verfestigt und enthalten neben Tonen einen gewissen Anteil an Kalk (bis zu 35%).
Konglomerate bestehen aus Komponenten, die gerundet sind und damit eine Transportbeanspruchung anzeigen. Dagegen sind Brekzien aus eckigen Ge-

steinsbruchstücken aufgebaut. Sie können ihre Entstehung sowohl tektonischen Prozessen (Störungsbrekzie) wie sedimentären Vorgängen (sedimentäre Brekzie) verdanken. Die Größe der Gerölle oder Bruchstücke ist variabel und abhängig von den Bildungsbedingungen, die Matrix dieser Gesteine ist in den Berchtesgadener Alpen karbonatisch und läßt sich in der Regel genau ansprechen.

Evaporitische Sedimentgesteine sind verschiedene Salze, die zusammen mit Tonen in den Berchtesgadener Alpen das Haselgebirge bilden. Die Salze bildeten sich durch Eindampfungen eines äußerst flachen und zum Teil vielleicht auch abgeschnürten Meeresbereiches. Das Vorhandensein von Tonen zeigt landnahe Einflüsse an. Geringste Verunreinigungen verleihen dem Gestein eine bunte Farbe, oft in lagenweiser Anordnung. Auf mechanische Beanspruchung reagiert das Salzgestein plastisch, es verformt sich, bildet kleine und größere Falten und wird auch oft an Störungen ausgequetscht, wo es als Schmiermittel bei Bewegungsvorgängen dient. Dort führen Auslaugungsprozesse dazu, daß der Salzgehalt sehr gering oder gar kein Salz mehr vorhanden ist, bunte Tone bleiben dann als taubes Gestein zurück.

Chemische und biochemische Sedimentgesteine

Kalkgesteine

Eine anorganische Karbonatbildung ist im marinen Milieu zwar möglich, tritt aber nur sehr selten und unter ganz bestimmten Bedingungen auf. Im nichtmarinen Bereich ist sie dagegen weit verbreitet: Tropfsteine, Almkalke und Quelltuffe oder -sinter sowie Travertin sind von vielen Orten bekannt.
Im Gegensatz dazu sind im marinen Milieu verschiedene Tier- und Pflanzengruppen für die primäre Karbonatproduktion verantwortlich.

Die wichtigsten karbonatproduzierenden Organismen sind:

Coelenteraten (dazu gehören die Korallen);
Spongien (Kalkschwämme);
Mollusken (dazu gehören neben anderen Schnecken, Muscheln und Cephalopoden);
Echinodermen (Stachelhäuter mit versch. Seesternen, Seelilien u. a.);
Bryozoen (Moostierchen);
Brachiopoden (Armfüßer);
Arthropoden (Gliederfüßer);
Foraminiferen (Kammerlinge);
Polychaeten (Vielborster, eine Klasse der Ringelwürmer)
und verschiedene Algen.

Eine sekundäre Karbonatproduktion findet während der Diagenese aus wässriger Lösung oder durch ein Weiterwachstum primärer Kristalle bei entspre-

chenden chemischen Gegebenheiten zur Zementation der biogenen (Gesteins-) Komponenten statt.
Zusammenfassend bedeutet dies, daß die Kalke des Berchtesgadener Landes zum weitaus größten Teil biogenen Ursprungs sind, das heißt, aus den Resten unzähliger Tiere und Pflanzen bestehen.

Dolomitgestein

Eine primäre Dolomitausscheidung kann in sehr flachem marinen Milieu bei relativ hohen Temperaturen stattfinden. Sekundär erfolgt oftmals eine Dolomitisierung eines Kalkes im Zuge diagenetischer Prozesse. Diese kann in mehreren Phasen zeitlich nacheinander stattfinden und sich auch in Art und Umfang unterscheiden.
In einem reinen Dolomitgestein sind primäre Sedimentstrukturen oder Reste von Fossilien oftmals nicht mehr oder nur noch sehr schwer zu erkennen, ein grobes Korngefüge aus Dolomitkristallen bestimmt das Bild.

Kieselsäurehaltige Gesteine

Bei den kieselsäurehaltigen Gesteinen des Berchtesgadener Landes handelt es sich in der Regel um Kalke, die einen gewissen Anteil an Quarz führen. Dieser ist entweder in Hornsteinen konzentriert oder diffus verteilt, beides läßt diagenetische Prozesse erkennen. Die Kieselsäure entstammt den Skeletten von Radiolarien (Strahlentierchen), aber auch Elemente von Kieselschwämmen dienen als Lieferanten. Feinst verteilte Kieselsäure läßt das Gestein hart und spröde werden, es zerfällt zu polygonalem Grus.

Stratigraphie und Schichtenfolge der Gesteine im Berchtesgadener Land

Die nachfolgende Beschreibung der verbreitetsten Gesteine der Berchtesgadener Alpen gibt nur eine Einführung in die regionale geologische Stratigraphie und Schichtenfolge. Es können nicht alle im Berchtesgadener Land anstehenden Gesteine erwähnt werden, auch wenn sie für den Geologen zur Interpretation des Gebirgsbaues und dessen Entstehung im Detail von Bedeutung sind. Dazu sei auf weiterführende Spezialliteratur verwiesen.

Die Gesteinsschichten werden in stratigraphischer Reihenfolge erläutert, d. h. vom ältesten Gestein zum jüngsten. Dem entspricht auch in weiten Bereichen des Berchtesgadener Landes der Bauplan des Gebirges: die ältesten Gesteine liegen in der Abfolge zuunterst und werden von immer jüngeren überlagert. Dieses Prinzip wird lediglich in Störungszonen durchbrochen. Als Beispiel hierfür mag die Torrener-Joch-Zone dienen, die sich vom Bluntautal über das Torrener Joch und die Bootsanlegestelle Kessel am Königssee bis südlich des Watzmann hinzieht.

Die Namen der einzelnen Schichtglieder gehen in der Regel auf die Erstbeschreiber zurück und sind oft nach typischen Vorkommen gewählt (Bsp.: Dachsteinkalk, benannt nach dem Dachstein) oder sie beziehen sich auf ältere, mundartlich verfremdete Bezeichnungen (Bsp.: Haselgebirge nach dem griech.- indogerm. Wort „hals, halys“ = Salz; vgl. dazu Bad Reichenhall, Hallein usw.).
Sämtliche vorkommenden Gesteine sind Meeresablagerungen, wie Mikrofossilien, Muscheln, Schnecken, Korallen oder Ammoniten beweisen. Dagegen sind Deckschichten in der Mehrzahl glazialen Ursprungs (Moränen); dazu kommen Bergstürze, Schuttfächer, Schutthalden u. ä. Talschotter und Terrassenbildungen, z. T. auch interglaziale Bildungen, überlagern oftmals in tiefen Lagen diese Schichtenfolge.
Die Namen der geologischen Formationen (Systeme) (Bsp. *Jura*), Abteilungen (*Lias*) und Stufen (*Toarcium*), ihr Bezug sowie ihre zeitliche Gliederung gehen aus der zusammenfassenden Tabelle im Kapitel „Die geologische Geschichte des Berchtesgadener Landes“ hervor.

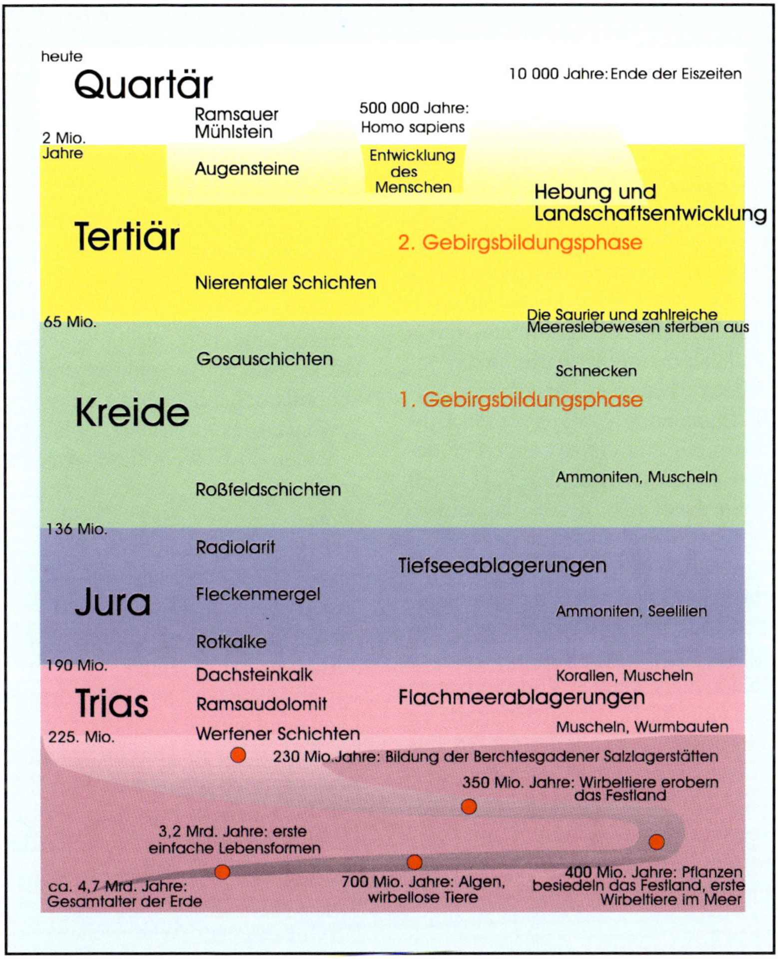

Vereinfachte erdgeschichtliche Zeittafel.

Permoskyth

Haselgebirge

Das Haselgebirge ist das älteste Schichtglied im Berchtesgadener Land. Es besteht aus einer Wechselfolge von bunten Salztonen, Anhydrit und Gips, wobei einzelne Gipskristalle, die größtenteils von rötlicher bis weißer Farbe sind, Zentimetergröße erreichen können. Seine Entstehung verdankt es der Eindampfung eines relativ abgeschnittenen Meeresarmes, der Salzgehalt kann dabei bis zu 70% ansteigen. In unterirdischen Aufschlüssen ist das Haselgebirge oftmals stark verfaltet, als Folge von Beanspruchungen durch gebirgsbildende Prozesse.

In den meist kleinen Vorkommen an der Oberfläche, die größtenteils an Störungen gebunden sind, ist das Haselgebirge ausgelaugt und lehmig verwittert. Es wirkt dort als Wasserstauer; Quellhorizonte mit typischem Bewuchs wie Grünerlen treten häufig auf.

Salzgewinnung im Berchtesgadener Land

Die Salzgewinnung im Bad Reichenhaller, Berchtesgadener und Halleiner Raum blickt auf eine lange Tradition zurück. Schon die Kelten bauten in der Halleiner Gegend Salz ab, bevor um 750 v. Chr. der Abbau bzw. die Soleförderung in Bad Reichenhall begann. Erst um 1200 wurde das Salz in Marktschellenberg und Berchtesgaden entdeckt und der Abbau eingeleitet, der im 16. Jahrhundert in Berchtesgaden intensiviert wurde.

Das Haselgebirge des Berchtesgadener Salzstockes wird zum Tiefjuvavikum (Hallstätter Einheit) gerechnet, es bildet hier die östliche Umrahmung der Berchtesgadener Decke. Neuere Aufschlüsse und Erkenntnisse, hauptsächlich untertage gewonnen, lassen es aber fraglich erscheinen, inwieweit dieser Ansicht noch Gültigkeit gegeben werden kann.

Der Berchtesgadener Salzstock ist etwa 4,5 Kilometer lang und 1,5 Kilometer breit, die Höhe wird auf 600 Meter geschätzt. Davon sind zur Zeit 300 Meter bergmännisch erschlossen, abgebaut wird auf 2,5 Kilometer Länge und auf die volle Breite.

Das Salz wird im Berchtesgadener Bereich untertage in mehreren Etagen im Salzberg abgebaut, die jeweils etwa 30 Meter voneinander entfernt sind. Die tiefste Etage liegt dabei unterhalb der Talsohle der Berchtesgadener Ache, weitere Horizontalstollen sind im Salzberg über dem Talniveau angelegt. Das Salz wurde früher durch ein Lösungsverfahren in sogenannten Sinkwerken gewonnen. Dabei wurden Kavernen im salzführenden Gestein angelegt, die dann mit Wasser gefüllt wurden. In den so entstandenen Sinkwerken wurde nun das Salz aus seiner Umgebung herausgelöst. Dabei arbeitete sich die Lösungsfront zur Seite und nach oben vor. Den Boden bedeckten Tone und andere nicht wasserlösliche Gesteine, die ihn so vor Auslaugung schützten. Ein ähnliches Verfahren wird heute mit den Bohrspülwerken praktiziert, der Lösungsansatz findet dabei unter Druck in Bohrlöchern statt, die von einer der Sohlen niedergebracht worden sind. Die entstandene Sole (Salzgehalt knapp über 25%), früher aus den Sinkwerken, heute aus den Bohrspülwerken, wird zur Versiedung nach Bad Reichenhall gepumpt. Auf dem Soleleitungsweg Berchtesgaden – Ramsau kann man heute noch den alten Anlagen folgen. Die heutige Leitungstrasse verläuft dagegen über den Paß Hallthurm.

Zum Eindampfen der Sole und somit zur endgültigen Salzgewinnung wurden in früheren Zeiten in den verschiedenen Salinen große Mengen Holz benötigt. Dies hatte zur Folge, daß das gesamte Berchtesgadener Land intensiv holzwirtschaftlich genutzt wurde. Es wurden sogar Verträge mit Österreich abgeschlossen, die eine Holznutzung in den Saalforsten jenseits der Grenze ermöglichten. Im Gegenzug wurde dafür gestattet, den Salzabbau von österreichischer Seite her untertage bis auf deutsches Gebiet vorzutreiben.

Gut ausgebildete Magnesitkristalle in dunkler, toniger Matrix. Polarisiertes Licht, Vergrößerung ca. 150 x.

Magnesitvorkommen am Wasserpalfen

In der Umgebung des Wasserpalfens steht in einem Streifen tektonisch ausgequetschten Haselgebirges ein kleines Magnesitvorkommen an. Neben eisenreichem Magnesit ($MgCO_3$) treten Kalzit, Dolomit und Quarz auf, ihr Anteil beträgt zusammen etwa 10 – 15%. Da metamorphe Einflüsse ausgeschlossen werden können, werden für die Entstehung des Magnesits magnesium- und eisenreiche, salzhaltige Porenwässer als Ausgangslösungen angenommen, die durch Diageneseprozesse in übersalzenem Milieu gebildet wurden.

Trias

Werfener Schichten

Am Südrand des Steinernen Meeres erscheinen die Werfener Schichten in talnahen Lagen als ältestes Schichtglied des Tirolikums. Weitere bedeutende Vorkommen bilden sie am Südfuß des Untersberges und in der Ramsau. Dort werden sie dem Hochjuvavikum zugeordnet.
Die Werfener Schichten werden aufgrund von lithologischen Charakteristika in die Oberen und Unteren Werfener Schichten unterteilt. Dabei bildet der Übergang keine scharfe Grenze. So wird das erste bzw. vermehrte Auftreten von kalkigen Einschaltungen oder Kalkbänken in die im tieferen Bereich vorherrschende Sandsteinfazies als Grenze angenommen.

Untere Werfener Schichten

Die Unteren Werfener Schichten bauen die tieferen Bereiche der südexponierten Wiesenhänge der Ramsau auf. Ihre Mächtigkeit wird von Barth (1968) mit mindestens 160 Metern angegeben.Sie sind im wesentlichen als Sandsteine mit wechselnden Bankmächtigkeiten ausgebildet, besonders glimmerreiche oder tonig-mergelige Lagen und Partien sind eingeschaltet. Zahlreiche Sedimentstrukturen (Rippeln, Schrägschichtungskörper u.a.) dokumentieren flachmarine Sedimentationsbedingungen, wozu es auch faunistische Hinweise gibt (Muscheln, Brachiopoden, Wurmbauten). Aus dieser Fazies entwickeln sich ohne scharfe lithologische Grenze die Oberen Werfener Schichten.

Obere Werfener Schichten

Sie stehen in den höheren Bereichen der Wiesenhänge an. An der Alpenstraße liegt die Grenze zwischen den Unteren und Oberen Werfener Schichten im Bereich der letzten, von der Ramsau aus betrachtet, höchsten Kehre (Thomann-Kehre).
Die Oberen Werfener Schichten sind gekennzeichnet durch ein vermehrtes Auftreten von Kalkbänken, die die Sandsteinfazies allmählich in

den Hintergrund drängen, bis sich schließlich aus nahezu reinen Kalken die hangende skythisch-anisische Gesteinsserie entwickelt.
In der vorherrschenden Kalkfazies können Sandsteinlagen wechselnder Mächtigkeit und Erstreckung eingeschaltet sein, daneben treten verschiedentlich Mergel- und Kalkmergellagen auf. Weiterhin sind aus dieser Serie „mürbe", gelbbraune und graue Kalke und Dolomite beschrieben, die stellenweise etwas bituminös sind (BARTH 1968). Schwarze Kalke mit stark variierendem Glimmergehalt, graue und grünliche Kalke mit Crinoiden und rostrote Kalke mit wechselndem Gehalt an Ooiden, Crinoiden und Muschelschalen, die in einer Lumachellelage angereichert sind, werden darüberhinaus von BARTH angeführt. In den höheren Partien können auch Intraklaste auftreten.
Es sind somit für die Oberen Werfener Schichten etwas tiefere Sedimentationsbedingungen als noch bei den Unteren Werfener Schichten anzunehmen, zudem ist ein Rückgang des festländischen Einflußes zu verzeichnen. Aufgrund der internen inhomogenen Ausbildung ist auch ein stark gegliederter und räumlich differenzierter Sedimentationsraum anzunehmen.
Die Mächtigkeit der Oberen Werfener Schichten beträgt in der Ramsau etwa 150 Meter, hierbei sind tektoni-

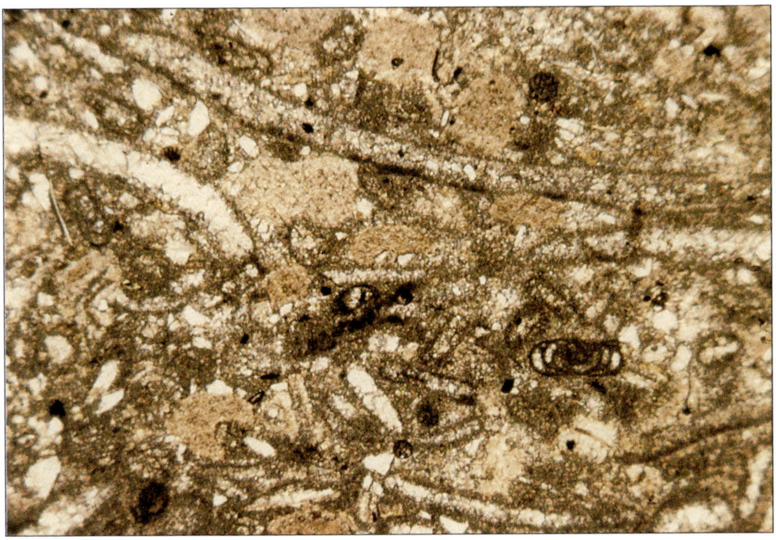

In den oberen Werfener Schichten bestimmen biogene Komponenten das Bild. Muschelschalen (länglich) und Foraminiferen (untere Bildhälfte rechts) treten in großer Zahl auf. Vergrößerung ca. 40 x.

Obere Werfener Schichten: Seelilienstielglieder treten lagenweise gesteinsbildend auf. Polarisiertes Licht, Vergrößerung ca. 40 x.

sche Verstellungen nicht auszuschließen.

In ähnlicher Weise, wie sich die Oberen Werfener Schichten aus den Unteren entwickeln, sind die Übergänge von den Oberen Werfener Schichten zu der skythisch-anisischen Gesteinsserie ausgebildet. Auch hier ist keine scharfe lithologische Grenze vorhanden.

In tektonisch stark beeinflußten kleineren Vorkommen wie beispielsweise in der Torrener-Joch-Zone, sind die Werfener Schichten meist als schiefrige Tone und Mergel ausgebildet, in denen geringe Sandsteinvorkommen auftreten können.

Ebenso wie das Haselgebirge wirken die Werfener Schichten als Wasserstauer, was sich im Bewuchs (oftmals Grünerlen) und in der vergleichsweise mächtigen und tonreichen Bodenbildung ausdrückt.

Skythisch-anisische Gesteinsserie

Je nach lithofazieller Ausbildung werden Gesteine dieser Serie auch als Gutensteiner Kalk, Reichenhaller Kalke oder Schichten und Annaberger Kalk bezeichnet. Die skythisch-anisische Karbonatfazies im engeren Sinne wurde von MERZ (1987) erstmals aus der Ramsau beschrieben.

Skythisch-anisische Karbonatfazies

Bei diesem Gestein handelt es sich um dunkle, bituminöse Kalke und Dolomite, die meist massig erscheinen. Sie vermitteln zwischen den liegenden Werfener Schichten und dem hangenden Ramsaudolomit. Mikrofaziell lassen sich mehrere Typen unterscheiden, die das Bild eines stark reliefierten Ablagerungsraumes erkennen lassen, der zeitweise in einigen Bereichen auch über dem Wasserspiegel lag. Im Gegensatz zu den weiter unten beschriebenen Gesteinsserien ist die skythisch-anisische Karbonatfazies also eine Flachwasserbildung, in der Hinweise auf tiefere Ablagerungsbedingungen fehlen, Anzeichen für Übersalzung und die Bildung von Evaporiten sind dagegen vorhanden (z. B. die Neubildung von Quarzen und Kollapsstrukturen im Feingefüge des Gesteins).

Gutensteiner Schichten

Die Gutensteiner Schichten entwickeln sich kontinuierlich durch ein vermehrtes Einschalten von zum Teil rauhwackigen, dolomitischen und oftmals bituminösen Kalk- und Dolomitbänken aus den oberen Partien der Oberen Werfener Schichten. Graue, braune, schmutzige Dolomite bauen die Schichtenfolge auf. Sie sind in der Regel im Dezimeterbereich gebankt. Gegen das Hangende verliert sich die Bankung, die Dolomite werden zunehmend reiner und leiten zum Ramsaudolomit über.

Ein Vorkommen von Gutensteiner Schichten ist in der Torrener-Joch-Zone gelegen, wo sie in der Umgebung der Königsberg-Alm anstehen. Sie sind dort als dunkle, bituminöse und z. T. kieselige Dolomite ausgebildet, die undeutlich gebankt sind. Die Gutensteiner Schichten sind anstehend auch in den tieferen Partien der bewaldeten Hänge von der Gsengschneid und am Toten Mann aufzufinden.

Ihre Mächtigkeit schwankt stark, beträgt aber in der Regel zwischen 200 und 300 Meter.

Reichenhaller Schichten

Ohne scharfe lithologische Grenze entwickeln sich auch diese Gesteine aus den liegenden Werfener Schichten. Die Reichenhaller Schichten sind in der Regel aus dunklen, harten und spröden dolomitischen Kalken aufgebaut, zwischen die einzelne Mergellagen eingeschaltet sind. Daneben treten im Reichenhaller Raum Rauhwacken auf.

Auf der südlichen Bachseite des Rennergrabens in der Umgebung des Funtensees kommen großflächig die Reichenhaller Schichten vor. Die Basis ist als sedimentäre Brekzie mit schwarzen, bituminösen Kalken und schwarzen Schiefern ausgebildet (KOHLHAMMER 1982). Die Kalke können als Wurstelkalke erscheinen, daneben treten dunkle, dünnschichtige Kalke mit einem geringen Fluoritgehalt auf (JASKOLLA et al. 1985).

Im Anisischen Dolomit lassen sich nur noch z. T. verunreinigte Dolomitkristalle (eckig) feststellen. Polarisiertes Licht, Vergrößerung ca. 150 x.

Darüber folgt ein kieseliger, dunkelbrauner und sehr gut gebankter Dolomit mit sandig-mergeligen Zwischenlagen (KOHLHAMMER 1982). Einzelne dünne Hornsteinlagen fallen durch ihre Verwitterungsresistenz auf. Untersuchungen von SCHMOLIN (1978) ergaben eine Zusammensetzung des Gesteins zu etwa 74% aus Dolomit, 24% Kalzit und 1,5% Quarz. Den Rest bilden (im Röntgenspektrum) nicht näher bestimmbare Tonmineralien. Zum Hangenden hin verschwinden die Hornsteinlagen, dafür treten mehr und mehr hellere Dolomite auf, die einen allmählichen Übergang von den Reichenhaller Schichten zum Ramsaudolomit dokumentieren.

Anisischer Dasycladaceenkalk

Auffälligstes Merkmal in diesem dolomitischen und kieseligen Kalk ist das zahlreiche Auftreten von Dasycladaceen. Dabei handelt es sich um kalkabscheidende Grünalgen, die besonders an angewitterten Gesteinsflächen als mehrere Millimeter große, nahezu kreisförmige Strukturen auffallen. Ansonsten ist das Gestein massig bis undeutlich gebankt und von dunkel- bis hellgrauer Farbe.
Eine Altersbestimmung mittels Mikrofossilien ergab, daß das Gestein stratigraphisch über den Gutensteiner Schichten einzustufen ist, im Hangenden bestehen Übergänge zu den Reiflinger Kalken.

Anisischer Dolomit

Der Anisische Dolomit zieht als breiter Streifen durch den Kesselgraben, der ebenfalls zur Torrener-Joch-Zone zu rechnen ist. Im Gelände erscheint dieses Gestein als dunkler, stellenweise leicht kieseliger, tektonisch stark beanspruchter Dolomit, bei dem im frischen Anschlag ein leicht bituminöser Geruch festzustellen ist. Die stratigraphische Einstufung erfolgt hier aufgrund der Lagerungsverhältnisse.

Ramsaudolomit

Der Ramsaudolomit (benannt nach der Ramsau südöstlich des Dachsteins) ist ein reines, hartes und sprödes Dolomitgestein von weißer Farbe, das auf Beanspruchung durch gebirgsbildende Vorgänge mit Bruch reagiert. Er unterscheidet sich von den Gutensteiner Schichten durch seine größere Reinheit und durch seine helle bis fast weiße Farbe. Die Dolomitkristalle bauen ein feinkristallines Gefüge auf, charakteristisch ist die zuckerkörnige Anwitterung. Oft ist auch ein poröses, zelliges Aussehen festzustellen. Kennzeichnend ist weiterhin seine grusige Verwitterung, die auf die extreme Kleinklüftigkeit des Ramsaudolomits zurückzuführen ist. Er liefert somit ideale Ansatzpunkte für Verwitterungser-

Blick vom Watzmann auf das Wimbachgries. Aufgrund seiner Verwitterungseigenschaften (anfällig gegenüber Frostsprengung) bildet der Ramsaudolomit den Schuttstrom im Wimbachtal.

Untersberg unterhalb des Scheibenkasers: Gebiete, in denen der Ramsaudolomit ansteht, sind oft durch Rinnen und Runsen zergliedert.

scheinungen durch Frostsprengung; im Wimbachtal bilden überwiegend Gesteinsbruchstücke aus Ramsaudolomit den Schuttstrom.

Fossilien sind äußerst selten erkennbar, wenn, dann in kalkigeren Partien, die schon Anklänge an den Wettersteinkalk zeigen. In der Berchtesgadener Entwicklung erreicht der Ramsaudolomit eine Mächtigkeit von 600 – 800 Meter, er bildet zusammen mit den Werfener und Gutensteiner Schichten das Liegende der meisten Gebirgsstöcke des Berchtesgadener Landes.

Der Ramsaudolomit besteht aus Dolomitkristallen unterschiedlicher Größe. Biogene Komponenten oder Strukturen sind nicht mehr zu erkennen. Polarisiertes Licht, Vergrößerung ca. 40 x.

Wettersteinkalk

Wettersteinkalk steht im inneren Berchtesgadener Land am Wartstein, am Ramsaukogel und in der weiteren Umgebung des Zulehens in der Ramsau an. In diesen Vorkommen wurden schon von BÖSE (1895) Kalkalgen entdeckt, BARTH (1968) konnte dieses fossilführende Vorkommen nicht anstehend finden, fand jedoch Stücke davon im Schutt. Er bezeichnete dieses Gestein als „kalkige Sonderfazies" des Ramsaudolomits der hochjuvavischen Einheit. Aufgrund neuerer fazieller Erkenntnisse sind die oben beschriebenen Vorkommen sicher als Wettersteinkalke anzusprechen, die innerhalb der Fazies des Ramsaudolomits deutlich Bildungen flachlagunärer Verhältnisse dokumentieren.

Das Gestein ist vorherrschend massig ausgebildet, seltener ist eine undeutliche Bankung festzustellen. Besonders im Bereich der Gsengschneid ist zu beobachten, wie sich der Wettersteinkalk mit dem Ramsaudolomit verzahnt; eine scharfe Grenze kann daher an dieser Stelle nicht gezogen werden.

Charakteristisch für dieses Gestein sind Diploporenquerschnitte, die besonders im angewitterten Zustand leicht zu erkennen sind. Die Mächtigkeit des Wettersteinkalks ist hier mit 100 – 120 Metern anzunehmen.

Weiter gegen Westen, auch schon am Hochstaufen, wird der Ramsaudolomit durch Wettersteinkalk vertreten, der massig ausgebildet ist. Seine Hauptverbreitung liegt aber im Kaiser-, Karwendel- und Wettersteingebirge. Er erreicht dort eine Mächtigkeit von bis zu 1000 Metern; seine Entstehung verdankt er Kalkalgen-Schwammriffen mit sich anschließenden Lagunenbereichen.

In den oberen Partien des Wettersteinkalkes sind erzführende Horizonte mit Bleiglanz und Zinkblende eingeschaltet, die in früheren Zeiten abgebaut wurden. Heute zeugen nur noch verfallene Stollen und einzelne Abraumhalden (vom Torrener Joch im Osten, hier Vererzung noch im Ramsaudolomit, über Hochstaufen, Zwiesel und Rauschberg weiter nach Westen) von den ehemaligen Bergbauen.

Reiflinger Kalke und Partnach Schichten

Auf die Gutensteiner Schichten können die Reiflinger Kalke folgen, die hornsteinführend sind mit einzelnen, eingeschalteten Mergellagen und als Sedimente in einem tieferen Becken zeitgleich zu Ramsaudolomit und Wettersteinkalk gebildet wurden. Eine weitere Beckenfazies ist in den Partnach Schichten dokumentiert. Sie bestehen im wesentlichen aus dunklen bis schwarzen Mergeln, Schiefern und Kalken, die sich durch eine Übergangsfazies mit dem Wettersteinkalk verzahnen können. Ebenso können in tieferen Bereichen Übergänge zu den Reiflinger Kalken beobachtet werden. Durch die Ausdehnung der Sedimentationsräume des Wettersteinkalkes werden mit zunehmendem Alter die Partnach Schichten in ihrer Ausdehnung allerdings mehr und mehr eingeschränkt.

Damit sind die vorherrschenden Gesteinsschichten der unteren Trias beschrieben. Zusammenfassend läßt sich feststellen, daß von den Unteren Werfener Schichten bis zum Ramsaudolomit/Wettersteinkalk die Entwicklung eines Ablagerungsraumes sichtbar wird, der zunehmend unter marine Bedingungen gerät. Verbunden damit ist der Rückgang einer vom Festland ausgehenden Beeinflußung, wie etwa durch den Eintrag von Verwitterungskomponenten. So führt diese Entwicklung von klastischen Sedimenten der Untertrias mit fließenden Übergängen über die Kalk- und Dolomitfazies der Gutensteiner Schichten zu der lagunären Fazies des Ramsaudolomits in der Mitteltrias, der das zeitgleiche Äquivalent zu den mächtigen Wettersteinkalken am Nordrand des Tirolikums darstellt. Eine entsprechende Beckenfazies begleitet diese flachmarinen Ausbildungen.

Raibler Schichten

Die Raibler Schichten trennen den Ramsaudolomit vom hangenden Karnisch-Norischen Dolomit. Sie sind im Berchtesgadener Land als tonige Sandsteine ausgebildet und nur von geringer Mächtigkeit. Aufgrund ihrer Verwitterungseigenschaften und des darauf stockenden reichhaltigen Bewuchses bilden sie allerdings in verschiedenen Steilwänden ein markantes Band. In der bisherigen, durch fließende Übergänge gekennzeichneten Karbonatentwicklung in der unteren Trias markieren die Raibler Schichten einen scharfen Einschnitt. Zum ersten Mal seit den Unteren Werfener Schichten werden durch die Sandsteinsedimentation wieder terrigene Einflüsse sichtbar. Diese sind in diesem Gebiet allerdings nur von kurzer Dauer, was sich auch in der geringen Mächtigkeit der Raibler Schichten (in der Regel nur wenige Meter) ausdrückt.

Karnisch-Norischer Dolomit

Der Karnisch-Norische Dolomit wird in der älteren Literatur wegen seiner zumindest in den unteren Partien vorhandenen Ähnlichkeit zum Ramsaudolomit im engeren Sinne auch als „Oberer Ramsaudolomit" bezeichnet.

Diese grau-gelblichen, teilweise bituminösen und in den oberen Partien sehr fossilreichen Kalke und Dolomite stehen in einem Streifen in den tieferen Teilen der Torrener-Joch-Zone an, an der Süd- und Ostseite des Jenners sowie in wechselnden Mächtigkeiten in den höheren Bereichen nahezu aller Gebirgstöcke des Berchtesgadener Landes, die eine lagunäre Dachsteinkalkentwicklung zeigen. Zunächst noch ohne große fazielle Unterschiede entwickeln sich die

Karnisch-Norischen Dolomite aus dem Ramsaudolomit, von ihm in einem Idealprofil durch das Band der Raibler Schichten getrennt. Gegen das Hangende schalten sich mehr und mehr Kalkbänke ein, auch wird die Fossilführung (Muscheln, Algen, Foraminiferen usw.) deutlicher, bis schließlich ein allmählicher Übergang in den Dachsteinkalk erfolgt. Besonders dieser Faziesübergang ist am Jenner gut aufgeschlossen, er läßt sich am Weg von der Gipfelstation der Jennerbahn zum Jennergipfel in typischer Ausbildung beobachten. Auch im Verwitterungsverhalten drückt sich die lithologische Variabilität dieses Schichtglieds aus. So zeigen stark dolomitische Bereiche die dafür typischen Verwitterungsformen (Rinnen- und Runsenbildung, Abgrusung in der Umgebung des Mitterkasers), während in kalkigeren Partien Ansätze von Verkarstung zu finden sind.

Barth (1968) gibt ca. 900 Meter Mächtigkeit für den Karnisch-Norischen Dolomit im Gebiet des Hochkalters an, im Jennerbereich beträgt die Gesamtmächtigkeit ca. 150 – 200 Meter.

Dachsteinkalk

Mit seinen annähernd 1000 Metern Mächtigkeit ist der Dachsteinkalk die beherrschende geologische Einheit in den Berchtesgadener Alpen. Er bildet die zahlreichen Steilwände und baut im oberen Teil die Massive Hoher Göll, Watzmann und Hochkalter sowie die Hochflächen und Berge des Hagengebirges und des Steinernen Meeres auf. Auch an der Reiteralm und am Untersberg ist

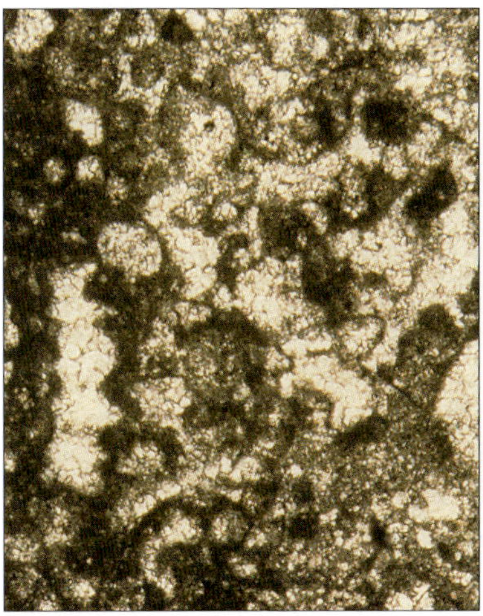

Karnisch-Norischer Dolomit.

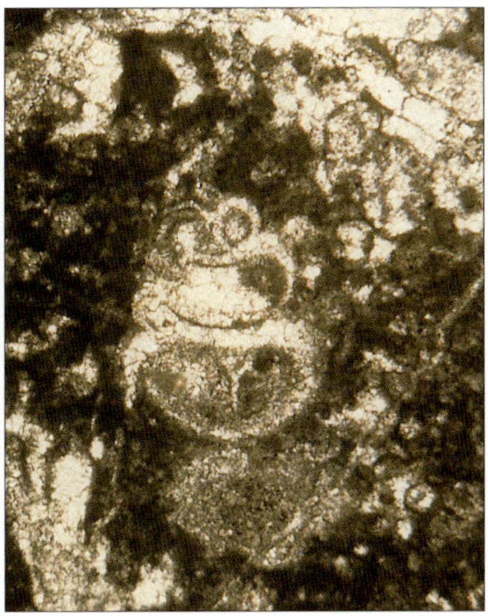

Schnecke.

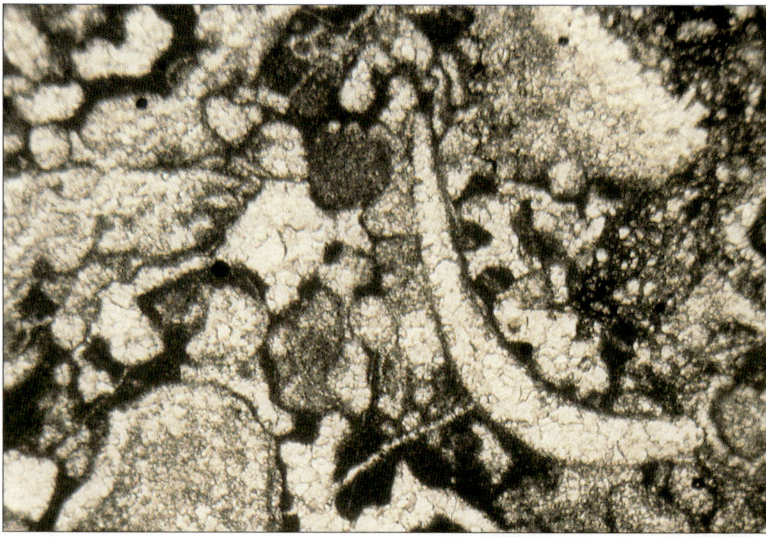

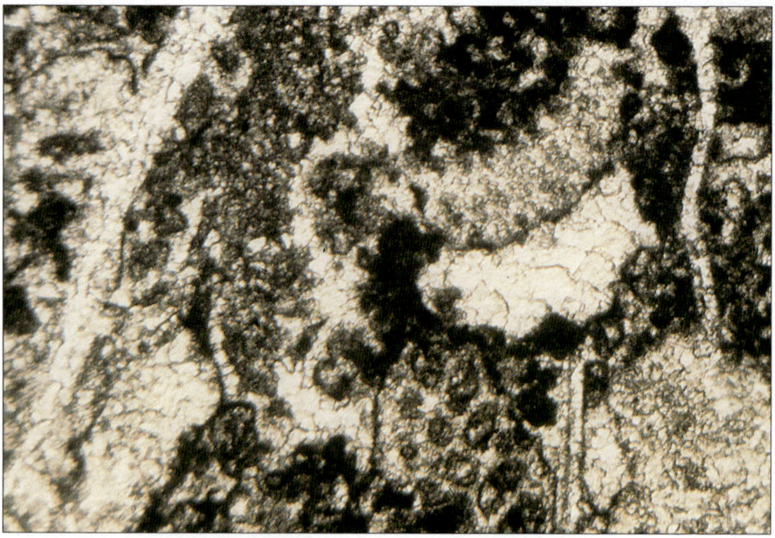

In den oberen kalkigeren Partien des Karnisch-Norischen Dolomits wird unter dem Mikroskop der Gesteinsaufbau aus biogenen Komponenten sichtbar. Schalen und Schalenreste von Muscheln, Schnecken und Foraminiferen erscheinen häufig neben Kalkalgen und anderen Biogenen. Vergrößerung jeweils ca. 40 x.

der Dachsteinkalk das bestimmende Gestein.

Es werden zwei Ausbildungen des Dachsteinkalkes unterschieden:
- der massige Dachsteinkalk und
- der gebankte Dachsteinkalk.

Aus massigem Dachsteinkalk sind der Hohe Göll und das Hohe Brett aufgebaut. Schichtungsgefüge oder Bankungsflächen sind nur selten, wenn überhaupt, erkennbar. Bei näherem Betrachten des Gesteins treten dagegen Fossilien oder Fossilreste in den Vordergrund. Neben Muscheln und Schnecken fallen vor allem verschiedenartige Korallen, Schwämme und gerüstbildende Algen auf. Detaillierte Untersuchungen haben gezeigt, daß das Massiv des Hohen Gölls und das Hohe Brett ein mächtiges fossiles Riff darstellt, das in großen Bereichen von versteinertem Riffschutt umgeben ist, der während der oberen Trias gebildet wurde. Der Hohe Göll wird von grauem und sehr reinem Dachsteinkalk in Riffazies aufgebaut, wobei Schwämme, Korallen und gerüstbildende Kalkalgen teilweise in Lebensstellung erhalten sind. Ebenso sind zahlreiche riffbewohnende Organismen unterschiedlicher Größe aufzufinden. Dagegen bestehen das Hohe Brett und Teilbereiche am Jenner aus unter dem Einfluß von Wellen aufgearbeitetem Riffschutt, der zahlreiche und vielfältige Organismenbruchstücke enthält (am Jenner auch gebankt). Gegen Osten ist am Hohen Göll ein Übergang in die gebankte Lagunenfazies (s. u.) zu bemerken; gegen Süden, in das Hagengebirge, fehlt dieser wegen der Torrener-Joch-Störungszone.

An diesen Riffkomplex südlich anschließend folgt die Fazies des gebankten Dachsteinkalkes, die Hagengebirge, Steinernes Meer, Watzmann und Hochkalter dominiert. Er läßt sich vom Dachsteinkalk in Riffazies schon durch seine im Meterbereich liegende Bankung unterscheiden, die besonders in Steilwänden deutlich zu erkennen ist. Diese Bankung wird hervorgerufen durch eine Wechsellagerung von bis zu 20 Meter mächtigen Kalkbänken mit nur im Dezimeter-Bereich mächtigen Ton- und feingeschichteten Dolomitlagen, die ihre Entstehung Algenmatten verdanken. Bei genauerer Untersuchung ergibt sich, daß in einer solchen Abfolge ein Trockenfallen, Überfluten mit Aufarbeitung der obersten Bereiche der liegenden Bank, dann extreme Flachwasserbedingungen mit Algenmatten und anschließend das Stadium eines flachen Meeres in der darauf folgenden Kalkbank dokumentiert ist. Dieser Zyklus kann sich bis zu 300 mal wiederholen. Auf den zur Sedimentation zur Verfügung stehenden Zeitraum umgerechnet bedeutet dies, daß in einer Bank ca. 30000 bis 50000 Jahre Erdgeschichte dokumentiert sind.

Charakteristisch für den Dachsteinkalk ist seine Biogenführung, neben Algen und Foraminiferen treten Schnecken, Muscheln, Korallen und Bryozoen auf.

Koralle im Dachsteinkalk. Deutlich wird die buschartige Wuchsform erkennbar.

Detailausschnitt aus einem Korallenstock. Etwa natürliche Größe.

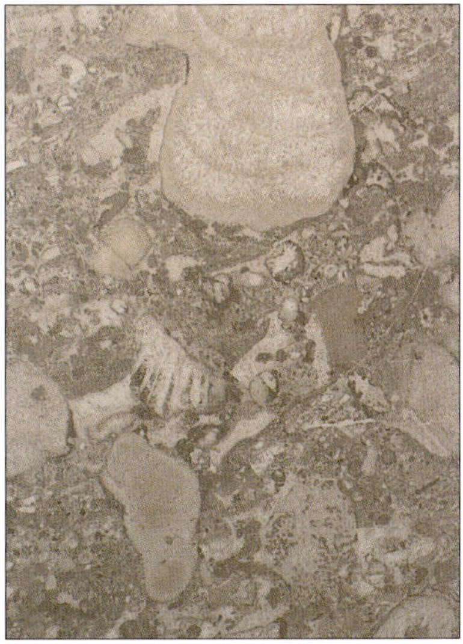

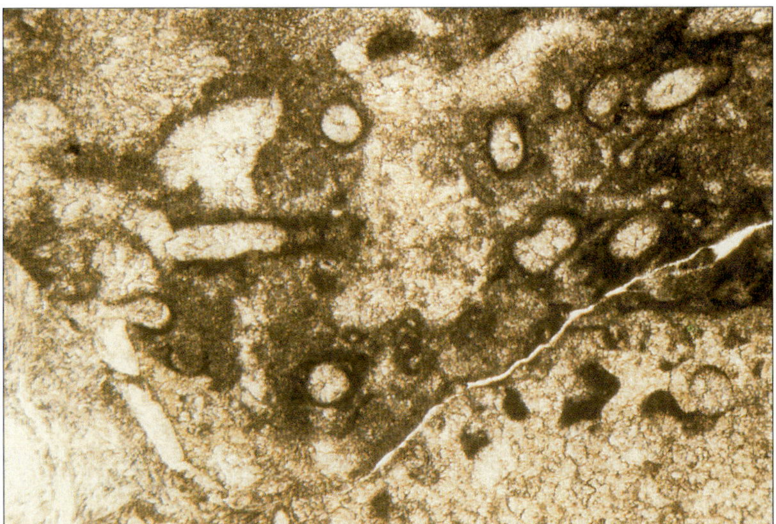

Bilder des Dachsteinriffkalkes. Schwämme, Korallen und untergeordnet Bryozoen und Hydrozoen bilden das Riffgerüst, das krustenbildende Organismen wie Algen, Foraminiferen und andere bewohnen. Alle Komponenten sind biogenen Ursprungs. Bilder ungefähr doppelte natürliche Größe.

Auffallend sind die in den Bänken oft zahlreich vorkommenden Muscheln (Megalodonten, im Volksmund auch „Hirsch- oder Kuhtritte" genannt), die bis zu 50 cm groß werden können. Unter dem Mikroskop ist weiterhin zu erkennen, daß unzählige Mikrofossilien und deren Reste am Gesteinsaufbau beteiligt sind. Somit ist der Dachsteinkalk mit seinen 1000 Metern Mächtigkeit nahezu vollständig biogenen Ursprungs. Über die gesamte Mächtigkeit sind flachmarine Ablagerungsbedingungen nachzuweisen, so daß eine stetige Absenkung des Untergrundes durch eine rege Organismentätigkeit kompensiert wurde und über einen längeren Zeitraum flachmarine Bedingungen herrschten.

In manchen Bänken des Dachsteinkalkes sind die sogenannten „schwimmenden Scherben" zu beobachten, die durch ihre rote oder gelbe Farbe

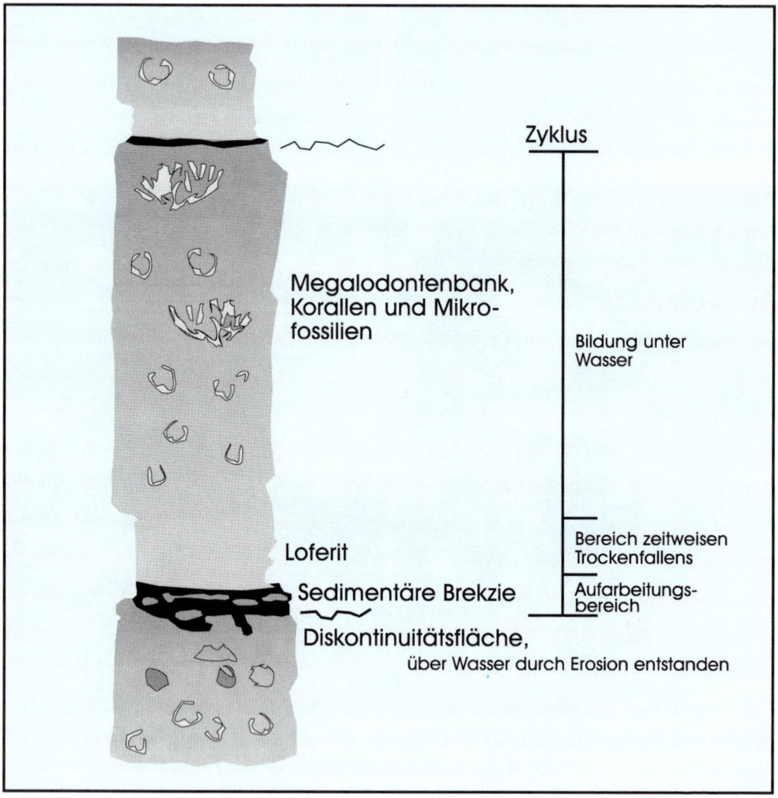

Die Loferzyklen im Dachsteinkalk nach FISCHER *1964.*

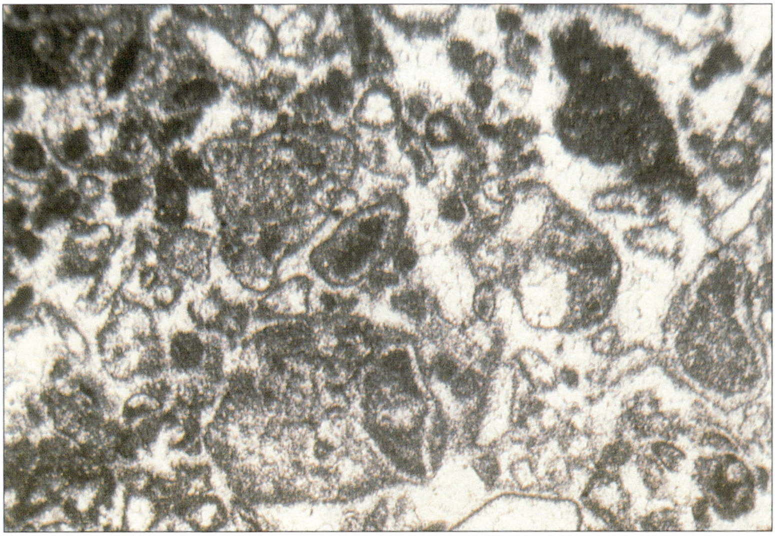

Auch der lagunäre Dachsteinkalk besteht nahezu ausschließlich aus den Resten von verschiedensten Organismen. Vergrößerung ca. 150 x.

Große Muscheln (Megalodonten) sind im Dachsteinkalk häufig.

Die Watzmann-Ostwand. Im unteren Bereich steht Ramsaudolomit und Karnisch-Norischer Dolomit an, diese fallen durch ihre Rinnen- und Schroffenbildung auf. Die oberen Partien der Wand werden vom gebankten Dachsteinkalk in lagunärer Fazies aufgebaut.

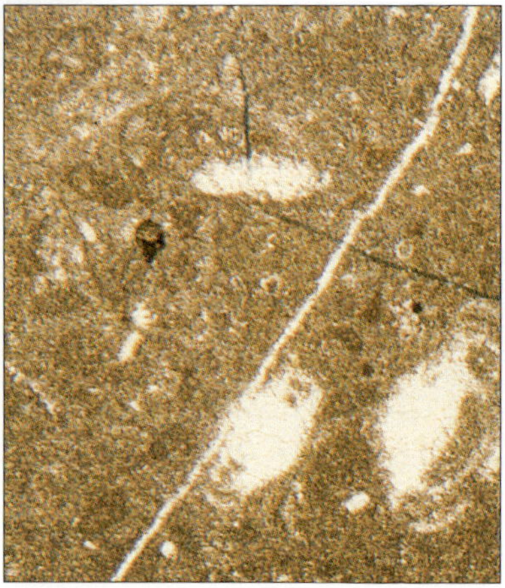

Loferit und Dachsteinkalk in Schlamm- (Mud-) Fazies, die sehr ruhige Sedimentationsbedingungen anzeigt. Vergrößerung ca. 50 x.

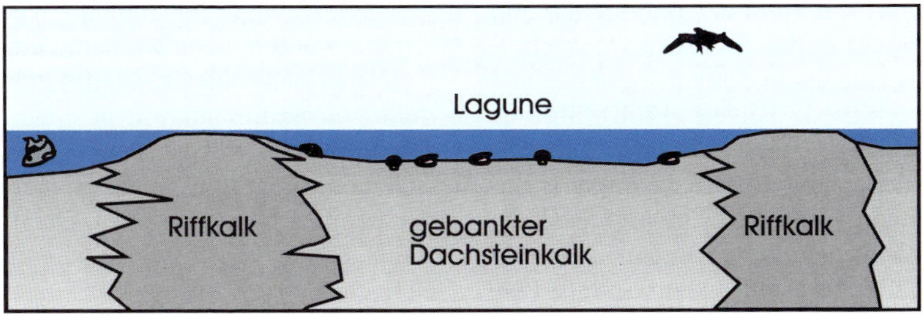

Riffe und Lagunen in der Obertrias.

auffallen. Sie sind in der Regel von Zentimeter- bis Dezimetergröße. Ihre Genese wird widersprüchlich erklärt, so werden sie als Reste von zugeführten terrigenen Verwitterungsprodukten, als Lösungsreste einer vor Ort stattgefundenen Verwitterung des Dachsteinkalkes bzw. als Produkte von Aufarbeitungs- und Umwandlungsprozessen interpretiert.

Der massige Dachsteinkalk und der gebankte Dachsteinkalk ergeben so zusammen in ihrer räumlichen Verteilung das Bild einer ausgedehnten und differenzierten Lagune, an deren Rändern Riffe lagen; Verhältnisse, wie sie heute in der Karibik anzutreffen sind.

Der Dachsteinkalk der Reiteralm und des Untersberges gehört zur sogenannten „Berchtesgadener Fazies", die, im Gegensatz zur tirolischen Fazies, neben einigen Abweichen im Schichtaufbau auch durch eine andersartige Ausbildung des Dachsteinkalks gekennzeichnet ist. So unterscheidet sich dieser Dachsteinkalk („Dachsteinkalk vom Reiteralmtyp") vom tirolischen Dachsteinkalk in seiner Reinheit, die ihren Ausdruck in der nahezu weißen Farbe des Gesteins findet.

Hauptdolomit, Dachsteindolomit

Damit werden Gesteine bezeichnet, die gegenüber dem Dachsteinkalk einen höheren Dolomitgehalt aufweisen. Auch gibt es Unterschiede in der Fossilführung, die darauf hindeuten, daß diese Gesteine in den Randbereichen der Lagune gebildet wurden. Eine Bankung innerhalb des Hauptdolomits, der nach Westen an den Dachsteinkalk anschließt, ist nicht immer ausgebildet; die Mächtigkeit entspricht der des Dachsteinkalkes.

Hallstätter Kalke und Dolomite

Hallstätter Kalke stehen in kleinen Vorkommen in der Torrener-Joch-Zone und in der Ramsau an. Ein größeres Vorkommen befindet sich östlich der Straße Berchtesgaden – Marktschellenberg. Die Hallstätter Kalke sind meist massig ausgebildet und von rötlicher, gelblicher und grauer Farbe. Stellenweise erscheinen sie leicht dolomitisch und auch verkieselt. BARTH (1968) führt als Biogene Echinodermen und Bruchstücke von Muschelschalen (Filamente) an. Aus einem Fossilnest konnte er darüberhinaus Arcesten und Monotiden, agglutinierende Foraminiferen, Spongiennadeln, Gastropoden, Ostrakoden, Reste von Crinoiden, Ophiuren, Asteriden und Echiniden sowie Holothurien neben Fischzähnchen und Conodonten nachweisen, was besonders charakteristisch für die Fazies der Hallstätter Kalke ist. Typisch ist zudem eine pelagische Fauna, Cephalopoden treten häufiger auf.

Aufgrund dieser Biogenführung müssen den Hallstätter Kalken tiefer gelegene Ablagerungsräume zugewiesen werden, als etwa dem zeitgleichen Dachsteinkalk, der das Produkt von Sedimentation in einem sehr flachen Bereich ist. Damit ergibt sich paläogeographisch das Bild einer großflächigen Lagune (Dachsteinkalk), die von einzelnen tieferen Bereichen oder Kanälen durchzogen wurde (Hallstätter Kalke im Nor, Zlambach Schichten im Rhät und Beckenfazies der Kössener Schichten, Rhät, s. u.), sie werden heute als Hallstätter Faziesbereiche angesprochen. Von diesem Hallstätter Kalk unterscheiden sich die Hallstätter Dolomite neben ihrer dunkleren Färbung vor allem durch einen höheren Magnesiumgehalt, der sich möglicherweise spätdiagenetisch auf tektonische Einflüsse zurückführen läßt.

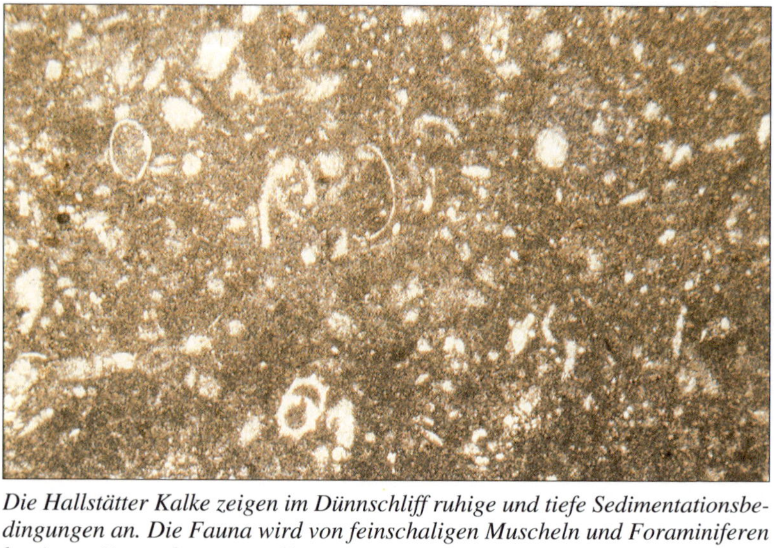

Die Hallstätter Kalke zeigen im Dünnschliff ruhige und tiefe Sedimentationsbedingungen an. Die Fauna wird von feinschaligen Muscheln und Foraminiferen bestimmt. Vergrößerung ca. 40 x.

Kössener Schichten

Die Kössener Schichten (benannt nach dem Ort Kössen in Tirol) sind in einer Mulde westlich des Wasserwandkopfes aufgeschlossen. Von BARTH (1968) wurden sie noch zu den Rhätischen Mergeln gestellt. Faunistische und fazielle Gründe sprechen jedoch dafür, dieses Vorkommen den Kössener Schichten zuzurechnen.
Ihre lithologische Ausbildung entspricht in etwa der der Rhätischen Mergel, jedoch unterscheiden sie sich von ihnen durch das Vorkommen eines Bonebeds, das nur eine sehr geringe Mächtigkeit aufweist. Verschiedene Arten von Fischzähnen und Zahnresten neben Placoidschuppen und Knochenbruchstücken sind in dieser extrem fossilreichen Lage erhalten.
Kleinere Vorkommen von Kössener Schichten finden sich auch am Hohen Brett in der Umgebung der Landesgrenze. Es handelt sich hierbei um rote bis dunkle mergelige Kalke mit einer Fauna, die erkennen läßt, daß diese Schichten nicht im Bereich der zeitgleichen Lagunen- oder Riffazies entstanden sind, sondern in flacheren Becken.

Zlambach Schichten

Mit den Zlambach Schichten (Typlokalität nahe des Hallstätter Sees) ist eine weitere kalkig-mergelige Beckenfazies in der Obertrias dokumentiert. Sie können sowohl im Hallstätter Faziesbereich auftreten, wie auch direkt mit Dachsteinkalk verzahnt sein. Aufgrund dieser Situation wird auch der Fossilreichtum mancher Lokalitäten der Zlambach Schichten verständlich. Aufgearbeitetes Riffmaterial aus den höher gelegenen Dachsteinkalkbereichen gelangte in die Becken.

Rhätische Mergel

Die Rhätischen Mergel sind in mehreren fleckenhaften Vorkommen im Gipfelbereich des Wasserwandkopfes und des Kleinen Kalters in den höchsten Partien des Dachsteinkalkes aufgeschlossen.
Es handelt sich dabei um verschiedene rote, graue, braune und ockerfarbene Mergellagen, zwischen die dunkle mergelige Kalke eingeschaltet sein können.
Charakteristisch ist ihr breites Faunenspektrum (Foraminiferen, Muscheln usw.), die Mächtigkeit der ganzen Folge übersteigt 5 – 8 Meter nicht.

Jura

Gruppe der Roten Liaskalke

Wie schon der Name andeutet, sind diese Gesteine von auffallend roter Farbe, die durch geringe Gehalte an Eisen und Mangan hervorgerufen wird. Oft zeigt das Gestein knollige Strukturen, die auf submarine Rutschungen während der Diagenese zurückzuführen sind (Adneter Kalke), mitunter sind auch Reste von Seelilien bankweise angereichert, die in der Sonne ein auffälliges Glitzern verursachen (Crinoidenkalke oder Hierlatzkalke). Die Roten Liaskalke lagern dem Dachsteinkalk in geringer Mächtigkeit und zum Teil flekkenhaft auf und finden sich oft auch in Spalten des Dachsteinkalkes wieder. Sie verkarsten ähnlich dem Dachsteinkalk, jedoch führt ihr höherer Gehalt an Tonmineralen zu einer ausgeprägteren Bodenbildung. In diesen Gesteinen sind, verursacht durch ein Zerbrechen des Schelfrandes und damit der großen Karbonatplattformen, tiefere Ablagerungsbedingungen dokumentiert, als sie noch in der Obertrias während der Sedimentation des Dachsteinkalkes herrschten.

Rotkalke

Unter dem Begriff „Rotkalke“ wird eine Vielzahl verschiedener Faziesausbildungen liassischer Gesteine zusammengefaßt, die untereinander durch alle Arten von Faziesübergängen verbunden sind. Sie sind meist von roter Farbe, doch können auch Übergänge zu helleren und dunkleren bis grauen Farben auftreten. Die Kalke sind mehrheitlich massig, seltener undeutlich gebankt.
Sie bilden oftmals das Liegende der Fleckenmergelserie und stellen auch

Spaltenfüllungen aus Rotkalken im Dachsteinkalk. Hagengebirge.

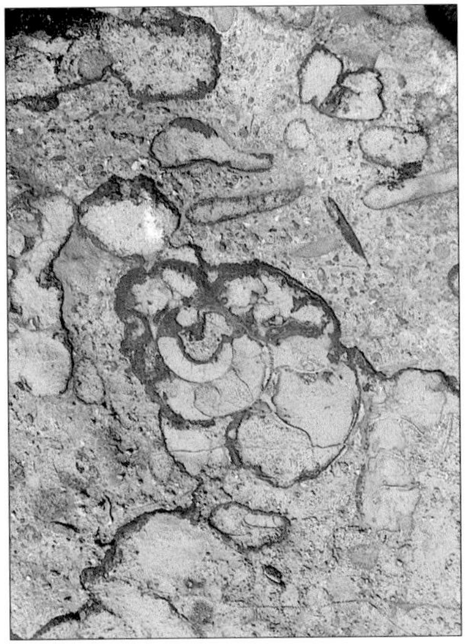

In manchen Bereichen der Rotkalke treten Ammoniten gehäuft auf.

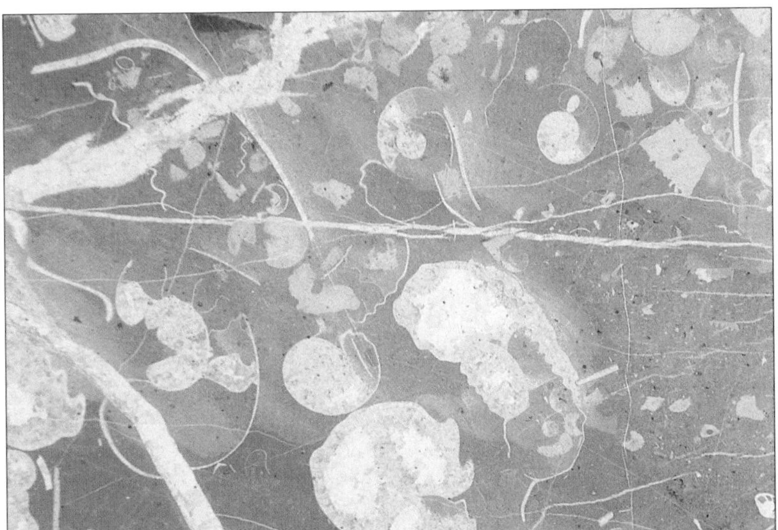

Neben Ammoniten sind Reste von Seelilien, Muscheln und Foraminiferen typisch für die Rotkalke. Natürliche Größe.

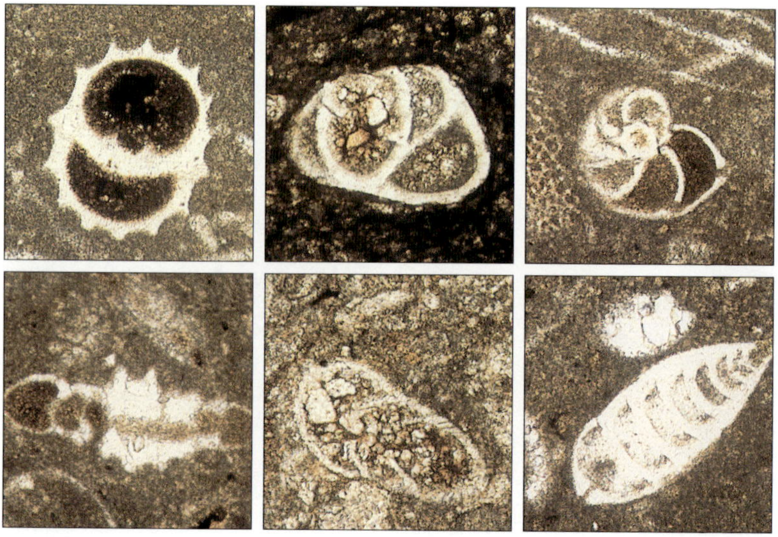

Verschieden Foraminiferen in den Rotkalken. Vergrößerung ca. 150 x.

Eisen- und Manganknollen in den Rotkalken.

den Hauptanteil bei den Spaltenfüllungen im Dachsteinkalk, wo sich beispielsweise am Schneibstein mehrere Generationen nachweisen lassen. Im allgemeinen ist das Gestein im Dezimeterbereich gebankt, in Spalten können allerdings auch massige Bereiche auftreten. Die Fossilführung kann sehr stark schwanken, es treten Foraminiferen, Calcisphären, Schwammnadeln, Radiolarien, Ostrakoden, Crinoiden, Echiniden, Holothurienreste, Scaphopoden, Muscheln, Brachiopoden, Gastropoden, Belemniten, Nautiloideen und Ammonoideen in wechselnder Zusammensetzung auf.
Faziesübergänge zu den Knollenkalken und Crinoidenkalken sind häufig zu beobachten.
Daneben treten verbreitet auch Diskontinuitätsflächen (oft mit Fe- und Mn-Krusten) und sedimentäre Brekzien auf, wobei Dachsteinkalkstücke in roter Matrix schwimmen.

Knollenkalke (Adneter Kalke)

Kennzeichnend für dieses Gestein, das im allgemeinen von roter Farbe ist, sind lagig angeordnete Knollen und Flasern („Rote Knollenkalke" im Sinne von FABRICIUS 1966).
Aus der liassischen Rotkalkgruppe stellen die roten, knollig-flaserigen Kalke einen großen Anteil.
Charakteristisches Merkmal sind die namengebenden Knollen, die im allgemeinen mehrere Zentimeter groß

Lagig angeordnete Knollen sind typisch.

sind und nur selten Dezimeter-Größe erreichen. In der Literatur werden verschiedene Möglichkeiten der Knollenbildung diskutiert, nach eigenen Befunden ist bei dem hier vorliegenden Gestein eine Kombination von verschiedenen sedimentären Prozessen (Sedimentation, Sedimentationsunterbrechung und submarine Gleitungen) für die Knollenbildung verantwortlich, als deren Folgen Schlickgerölle entstehen.
Die auch in diesem Gestein festzustellende Flaserung erfaßt spätdiagenetisch sowohl die Matrix wie auch die schon gebildeten Knollen und wirkt überprägend.
Lagenweise können Ammoniten angereichert sein, auch sind in kleineren Partien Subsolutionserscheinungen zu beobachten, die zu Fe- und Mn-Anreicherungen führen. Die Fossilführung entspricht der der Rotkalke.

Crinoidenkalke (Hierlatzkalke)

Kennzeichnendes Merkmal dieses meist massigen bis dickbankigen Gesteins sind Crinoidenbruchstücke (vorwiegend Stielglieder) in gesteinsbildender Menge in roter oder grauer Matrix. Kleinräumige laterale Faziesverzahnungen mit den Rotkalken und den Knollenkalken sind häufig zu beobachten, wobei zwischen den verschiedenen Faziesausbildungen nicht immer eine scharfe Grenze gezogen werden kann.

Stielglieder von Seelilien bilden die Crinoidenkalke. Polarisiertes Licht, Vergrößerung ca. 40 x.

Graue Liaskalke

Dieser massige Mikrofossilkalk kann die Rotkalkfazies an einigen Stellen vertreten, meist lagert er direkt dem Dachsteinkalk auf. Insgesamt läßt der Graue Liaskalk in seinen Strukturen und dem zum Teil umgelagerten Komponenteninventar erkennen, daß er als Plattformhangsediment gebildet wurde. Es fehlen daher Erscheinungen von Mangelsedimentation, wie auch keine nennenswerte Anreicherung von Eisen und Mangan festzustellen ist, die zu einer Rotfärbung des Gesteins führen würde. Die Bioführung besteht aus Foraminiferen, Schwammnadeln, Bruchstücken von Muscheln, Schnecken und Seelilien. Ammonoideen sind relativ selten.
Als Besonderheit können Pyrite auftreten, manche Foraminiferen zeigen eine Füllung aus Glaukonit.

Fleckenmergel, Hornsteinknollenkalke, Kieselkalke

Die Gesteine der Fleckenmergelserie umfassen ein breites Spektrum an verschiedenen Faziesausbildungen, die alle im folgenden kurz angesprochen werden. Gesondert angeführt werden die Filamentkalke, da sie größere räumliche Bedeutung besitzen.
Die Serie der Fleckenmergel und Fleckenkalke folgt im Hangenden, meist durch eine Fe-/Mn-Kruste getrennt (Mangelsedimentation), auf die liegende Rotkalkentwicklung des Lias. Dabei setzen die Fleckenmergel nicht überall zeitgleich ein, sondern lokal verschieden, je nach den paläogeographischen Verhältnissen des Lias. Charakteristisch für die Gesteine der Fleckenmergelserie ist ein Wechsel von dünnen Mergellagen, die gegen das Hangende ausdünnen und schließlich ganz verschwinden, mit gut gebankten Kalken, die gelegentlich Hornsteine führen können. Auch hier sind vielfältige Faziesübergänge zu beobachten, reine Kieselkalke, Radiolarite und auch Hornsteinknollenkalke, in denen die Kieselsäure in hervortretenden Knauern angereichert ist, können auftreten. Die Kieselsäure ist biogenen Ursprungs, sie stammt aus den Skelettelementen von Schwämmen und von mikroskopisch kleinen Radiolarien.

Stellenweise sind in den einzelnen Bänken Reste von Crinoiden angereichert, auch sind Übergänge zu Knollenkalken zu beobachten. Kennzeichnend für die Kalkfazies sind die namengebenden Flecken, die bis zu mehreren Zentimetern groß werden können und oft länglich bis oval, selten rund geformt sind. In der Literatur werden diese Flecken übereinstimmend als Freßbauten von Würmern gedeutet. Zusammen mit der übrigen Fauna (Ostrakoden, Foraminiferen, Radiolarien usw.) und den oft nur undeutlich erhaltenen Sedimentationsgefügen muß für diese Gesteinsausbildung ein Ablagerungsraum in einem ruhigen Becken oder an dessen Rändern angenommen werden.

In den Fleckenmergeln sind Muschelschalen, Schwammnadeln und Radiolarien (punktförmig) häufig. Vergrößerung ca. 40 x.

Die Gesamtmächtigkeit der Serie beträgt bis zu 100 – 120 Meter.

An den Kitzkartauern und im Bereich der Wimbachklamm finden sich Hornsteinkalke, die von grauer Farbe und im Meterbereich gebankt sind. Die Kieselsäure kann in den Kalken dort sowohl lagig angeordnet in Hornsteinen wie auch diffus verteilt auftreten; Schwankungen im Gehalt sind festzustellen. Von BARTH (1968) wird dort die Mächtigkeit der Kieselkalke mit 40 Metern angegeben, altersmäßig stellt er sie aufgrund der Lagerungsverhältnisse in das untere Sinémurien.

Nördlich des kleinen Jenner ist eine Crinoidenkalkfazies aufgeschlossen, die sich durch Mergelzwischenlagen, ihre Farbe (grau bis grünlich) und Bankung sowie durch das zahlreiche Auftreten von Intraklasten von den Crinoidenkalken der Rotkalkfazies unterscheidet. Bemerkenswert ist weiterhin die ausgeprägte Chloritführung und das Vorhandensein zahlreicher Schwammnadeln, die zur Fazies der Spongite überleiten. Typisch für die Spongite ist der sehr hohe Anteil an Schwammnadeln; Verkieselungserscheinungen (diffus und Hornsteine) und eine gut ausgeprägte Bankung mit Mergelzwischenlagen sind häufig anzutreffen. Ebenso können „Flecken“ ausgebildet sein. Diese zwei letzt genannten Faziesausbildungen dürften stratigraphisch auf den Lias begrenzt sein.

Als Fukoid-Mergelkalke werden Faziesausbildungen innerhalb der Fleckenmergelserie bezeichnet, die durch intensive Bioturbation gekennzeichnet sind. Es handelt sich um graue bis dunkelgraue, z. T. schwärzliche, tonig-mergelige Kalke, deren wesentliche Biogenkomponenten aus kalzitisierten Schwammnadeln und gelegentlichen Anreicherungen von Radiolarien bestehen.

Reine Graukalke ohne Mergelzwischenlagen treten weiterhin am Hagengebirgswestrand auf. Ihre Farbe geht auf fein verteiltes sulfidisches Pigment zurück (Pyrit). Weiterhin auffallend ist ihre im Vergleich zu den Rotkalken relativ große Mächtigkeit, die auf eine ca. 15 mal größere Sedimentationsrate schließen läßt, die, nach FABRICIUS (1966), auch der Grund für die Färbung ist, da der nur unvollkommene Abbau der organischen Substanz zur Schwefelwasserstoffbildung und damit zu reduzierenden Bedingungen führte. Die Kalke sind sehr stark durchwühlt (Flecken) und gegen das Hangende besteht ein fließender Übergang zum Radiolarit.

Filamentkalke

Die Filamentkalke sind oftmals geflasert, teilweise verkieselt und von grauer bis rötlicher Farbe, ihr wesentlichstes Merkmal ist die Häufung von Filamenten (feinen Muschelschalen), die gerade oder leicht gebogen erscheinen und bis zu 5 mm groß sind. Neben den Filamenten treten andere Biogene stark zurück, vereinzelt finden sich Foraminiferen, Crinoiden, Ostrakoden und Radiolarien.

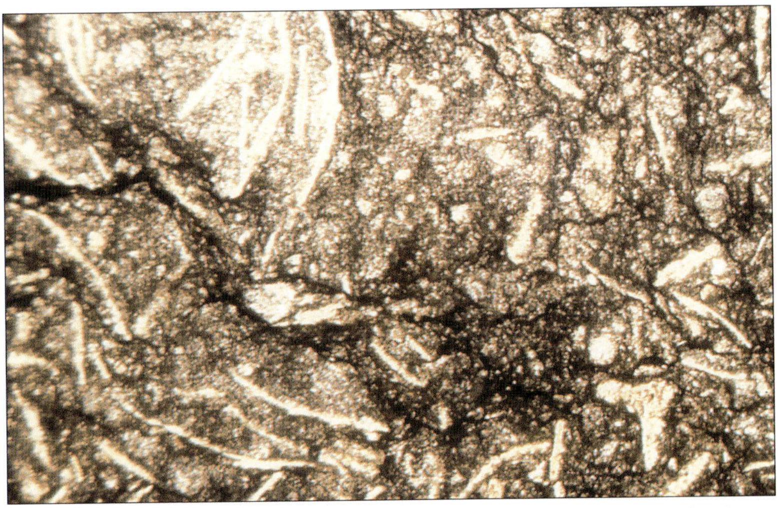

In den Filamentkalken dominieren die Schalenreste von Muscheln und/oder Ostrakoden. Vergrößerung ca. 40 x.

Dogger-Kieselkalke, Chiemgauer Schichten

Diese Gesteine folgen auf die Filamentkalke und Fleckenkalke und werden im Hangenden vom Radiolarit begrenzt, sie erreichen eine Mächtigkeit von ca. 60 – 100 Meter. Sie sind von dunkler bis schwarzer Farbe und äußerst hart, mitunter ist eine deutlich ausgeprägte Bankung festzustellen. Einzelne Mergellagen können sich einschalten.

Im Gefüge zeigt sich eine Zunahme von Schichtungsstrukturen auf Kosten der „Flecken" (Bioturbation) gegenüber den liassischen Graukalken. Diagenetisch sind sie jedoch weitaus differenzierter, es können

- Kieselkalke,
- Hornsteinknollenkalke und
- gebankte Hornsteinkalke

auftreten. Verantwortlich dafür ist zum einen der schwankende Gehalt an Kieselsäure, zum anderen die Art und Weise der Verteilung der Kieselsäure im Gestein (diffus verteilt, lagig angeordnet oder in Knollen konzentriert).

Die Biogenführung entspricht in etwa der der Fleckenmergelserie, allerdings treten gegen das Hangende die Flecken mehr und mehr in den Hintergrund, Radiolarien nehmen dagegen zu, bis ein Übergang ohne scharfe Grenze in den Radiolarit erfolgt.

Mangan-Schiefer

Innerhalb den gut gebankten, crinoiden- und chloritreichen Kalken der Fleckenmergelserie treten nördlich des kleinen Jenner zahlreiche Vorkommen von oberflächennahe verwitterten, kleinbröckeligen Mangan-Schiefern auf. Die Mn-Anreicherung ist dort so hoch, daß die Vorkommen in den Jahren 1954 – 1960 von der Eisenwerk-Gesellschaft Maximilianshütte, Sulzbach-Rosenberg-Hütte, bergmännisch erschlossen wurden. Nach Gudden (1969) weist der Mn-Anteil am Jenner im allgemeinen Werte zwischen 20 und 30% auf, in den sehr stark oxidierten Ausbissen sogar bis zu 40% reichend. Die tektonisch bedingten Mächtigkeitsschwankungen von 2 – 12 Meter beinhalten insgesamt für den Jenner rund 100 000 Tonnen 20 – 30% Mn-Erz.

Der Mineralbestand besteht zu 70% aus Karbonatspäten, worunter Rhodochrosit mit 70%, Siderit mit 15%, Kalzit mit 10% und Magnesit mit 5% vertreten sind sowie Quarz mit 20% -kryptokristalliner, gelartiger Kieselsäure und nur gering detritische Quarz- und Tonminerale mit 10%, akzessorisch beigemengt sind Glimmer und Pyrit (nach Gruss 1958, Schang 1983).

Die mineralogische Analyse erweist damit die Zugehörigkeit dieser Sedimente zur „Mangan-Schiefer"-Fazies im Sinne von Gruss (1958) und Germann (1972). Beide führen die Bildungen auf hydrothermale Vorgänge während des Oberlias zurück, wobei Gruss die Vorkommen auf die Fleckenmergel-Becken begrenzt sehen will, während Germann auch

Über der Priesbergalm steht in den Roßfeldern eine komplette Jurafolge an, der Fagstein selbst ist ein Olistholith.

die Rotkalkfazies miteinbezieht. Als Hinweis für den vulkanogenen Ursprung der Lösung sieht er das Vorhandensein seladonitführender Tuffe in Rhodochrositen des Karwendels und bei Lofer an sowie das Auftreten von Braunit und die weite Verbreitung in einem annähernd gleichen stratigraphischen Niveau (nach HAHN 1985 und SCHANG 1983).

Röntgenographische Untersuchungen an Mn-Knollen haben am Jenner einen hohen Anteil an Tonmineralen aus der Smektit-Gruppe erkennen lassen, die nach Mitteilung von W. VORTISCH (Marburg) als eindeutiger Hinweis auf vulkanische Aktivitäten anzusehen sind, womit diese damit auch für den Bereich des Jenners nachgewiesen sind (SCHANG 1983).

Stratigraphisch werden die Mn-Schiefer von verschiedenen Autoren in den Oberlias gestellt (Domerium-Toarcium), für das Jennergebiet kann mit Sicherheit höheres Domerium nachgewiesen werden (LANGENSCHEIDT 1981).

Radiolarit

Durch zunehmenden Gehalt an Kieselsäure (die Radiolarien mit ihren Kieselskeletten werden aufgrund der für sie optimalen Lebensbedingungen gesteinsbildend, mehr als 500 – 1000 Meter Wassertiefe) geht aus den Fleckenmergeln der Radiolarit hervor, der ein ziemlich reines Kieselgestein von roter, grüner oder schwarzer Farbe ist. Er ist sehr hart und spröde (ritzt den Hammer) und zerfällt zu feinsplittrigem Grus.

Es werden zwei Ausbildungen unterschieden:
– der graue Radiolarit und
– der rote Radiolarit.

Der graue Radiolarit – die Färbung dürfte auf fein verteilten Pyrit zurückgehen – bildet den Liegendanteil der Serie. Es ist eine Bankung im Zentimeter- bis Dezimeterbereich festzustellen, wobei die Schichtflächen glatt oder wellig ausgebildet sind. Einzelne Mergellagen können eingeschaltet sein. Beim roten Radiolarit wird als Pigment Hämatit angenommen, die Schichtflächen sind im allgemeinen wellig und Ton- oder Mergellagen treten gegen das Hangende zurück.

Die Biogenführung wird von Radiolarien (meist diagenetisch kalzitisiert) dominiert, seltener sind Ostrakoden, Schwebcrinoiden und Schwammnadeln festzustellen.

Die Wende Dogger/Malm wird allgemein als Beginn der Radiolaritsedimentation angenommen, lokal kann diese Fazies jedoch auch schon früher einsetzen.

Tauglbodenschichten

Vereinfacht kann man die Tauglbodenschichten (benannt nach einem typischen Vorkommen östlich von Hallein) als Radiolarite bezeichnen, in die durch submarine Abtragungsvorgänge größere und kleinere Gesteinsbrocken älterer, schon verfestigter Sedimente eingeglitten sind.

Die Tauglbodenschichten bestehen aus einer Abfolge von dünnplattigen,

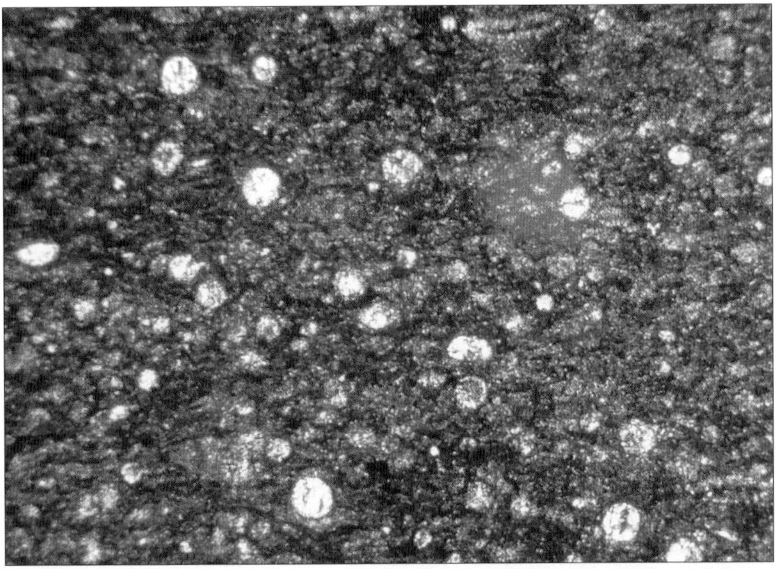

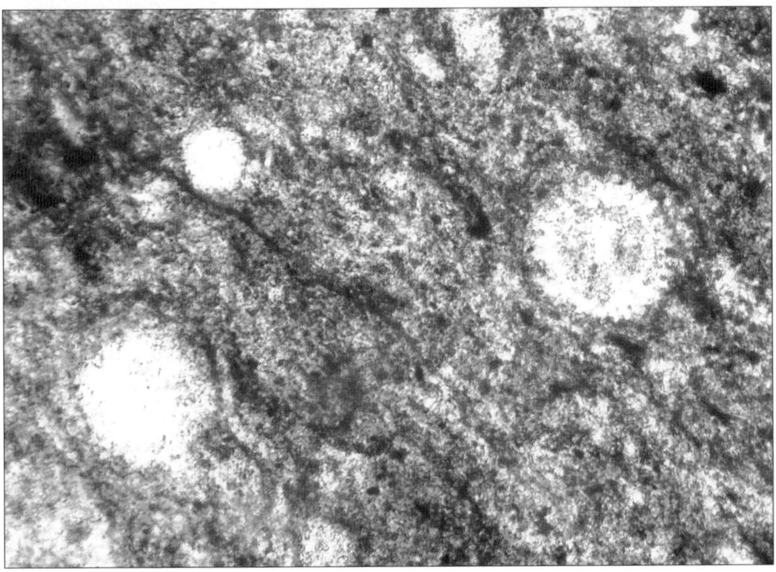

Radiolarien in gesteinsbildender Menge bauen den Radiolarit auf. Vergrößerung ca. 40 x und 150 x.

Die Tauglbodenschichten mit den eingelagerten Dachsteinkalkblöcken bilden das kleinräumige Relief der Büchsenalm.

ebenflächigen und meist feingeschichteten bunten Kieselkalken und Mergelkalken, wobei Radiolarien und Schwammnadeln die Biogenführung bestimmen. Diese Gesteinsausprägung bildet die Matrix der konglomeratischen und/oder brekziösen Schichten. Bei den eingelagerten Komponenten handelt es sich um synsedimentäre Aufarbeitungsprodukte und Dachsteinkalkkomponenten, daneben können auch Rotkalke, Graukalke und Tonsteine auftreten. Diese Lithoklasten stellen den Hauptanteil der Tauglbodenschichten (bis zu 95%). Verschiedene Sedimentstrukturen lassen erkennen, daß die Klastika in Form von Turbiditen, Schlammstrombrekzien, Rutschungen, Olisthostromen, sedimentären Gleitschollen und kleineren Decken transportiert wurden. Besonders bemerkenswert sind die Olistholithe der Büchsenalm, wo verschiedene hausgroße Dachsteinkalkblöcke auffallen, die dort für die kleinräumige Morphologie verantwortlich sind.

Malmkalk der Gotzenalm

Über dem Radiolarit liegen im Bereich der Gotzenalm dünnbankige bis plattige neritische Kalke, die im obersten Bereich der Gotzenstraße gut aufgeschlossen sind. Sie sind von grauer bis grüner Farbe, einzelne Mergellagen können auftreten. Wie die dortige Bodenbildung erkennen läßt, ist auch noch ein gewisser Anteil an Kieselsäure vorhanden, der bei der Kalklösung freigesetzt wird. Durch dieses Gestein wird deutlich, daß im oberen Jura zumindest lokal auf Schwellen wieder flachere Sedimentationsbedingungen herrschten, welche die Ablagerung von Karbonaten zuließen. In größeren Wassertiefen (500 – 2000 Meter Tiefe) ist die dauerhafte Ablagerung von Karbonat am Meeresboden nicht mehr möglich. Durch die Zunahme des Druckes und in Abhängigkeit von der Temperatur werden oberflächennah gebildete Karbonate, wie etwa Skelette durch schwebende Foraminiferen, nach dem Absinken gelöst.

Oberalmer Schichten

Im Gegensatz zur o. a. Schwellenfazies sind die Oberalmer Kalke Bildungen eines tiefen Meeresbereiches. Sie setzen, als Ausdruck jungkimmerischer tektonischer Bewegungen, oftmals mit einem Konglomerat wechselnder Mächtigkeit ein. Dieses Konglomerat, mit etwa 20 Meter Mächtigkeit am Nordfuß des Hohen Göll, besteht aus Komponenten älterer Gesteine, triadische Becken- und Flachwasserfazies ist am Komponenteninventar ebenfalls beteiligt. Darauf folgen im Dezimeterbereich gut geschichtete graue bis bräunliche Kalke, die in wechselnden Anteilen Hornsteine führen können. Dabei liefern die abgesunkenen Skelette planktonisch lebender Grünalgen (Coccolithen) den Karbonatschlamm während der Sedimentation. Dünne Tonlagen zwischen den Kalkbänken sind verbreitet und interne Sedimentstrukturen zeigen synsedimentäre Gleitungen an. Bänke, die durch turbiditartige Einschüttungen entstanden sind, können eingeschaltet sein.

Als Varietät der Oberalmer Schichten werden die Tithonflaserkalke beschrieben, beide vertreten die ansonsten in den Nördlichen Kalkalpen weitverbreiteten Aptychenschichten.

Barmsteinkalke

In der Fazies der Oberalmer Schichten treten mit mächtigerer Bankung die Barmsteinkalke hervor. Ihr Material gelangte turbiditartig in die Tiefwasserbereiche, was zur Folge hatte, daß die Barmsteinkalke immer mit einer scharfen Untergrenze einsetzen. Darüber ist oftmals in den Bänken gradierte Schichtung festzustellen, nach oben kann dann ein allmählicher Übergang in die Oberalmer Kalke erfolgen. Die Farbe der Barmsteinkalke ist bräunlich-dunkel, auffallend ist weiterhin ihre rauhe Oberfläche. Bestimmendes Faunenelement sind neben Foraminiferen Echinodermen.

Plassenkalk

Als Flachwasserpendant zu den Oberalmer Kalken sind die Plassenkalke anzusprechen. Sie greifen oftmals diskordant transgressiv über ältere Gesteine und sind im Berchtesgadener Land besonders am Untersberg verbreitet. In ihrem äußeren Erscheinungsbild sind sie vom Dachsteinkalk nur schwer zu unterscheiden, ebenso ist die Fossilführung, was die ökologischen Ansprüche der Fauna betrifft, durchaus vergleichbar. Es treten wie im lagunären Dachsteinkalk verschiedene Faziestypen auf, dagegen fehlt eine ausgeprägte Riffazies völlig. Es können zwar gerüstbildende Organismen auftreten, aber nur vereinzelt oder in kleinen Flecken in der lagunären Umgebung.

Kreide

Schrambachschichten

Die Schrambachschichten führen in der Unterkreide die Fazies der Oberalmer Kalke fort, sie werden in der weiteren Umgebung auch als Neokom-Aptychenschichten bezeichnet. In der Regel sind sie als plattige Kalke und Kalkmergel ausgebildet, die von bunter Farbe sind. Eine gewisse Hornsteinführung ist häufig zu beobachten. Neben Nannoplankton, Calpionellen, Foraminiferen und Ammoniten fallen in der Fossilführung besonders die sogenannten Aptychen auf, dabei handelt es sich um Deckelklappen von Ammonoideen-Gehäusen.
Gegen das Hangende erfolgt ein allmählicher Übergang in die Roßfeldschichten.

Roßfeldschichten

Die unteren Roßfeldschichten bestehen zunächst aus einer Wechsellagerung von tonigen und kalkigen Mergeln, die oftmals Durchwühlungserscheinungen zeigen. Partienweise ist ein geringer Sandanteil zu bemerken. Diese Mergelgruppe mit ungefähr 60 Metern Mächtigkeit wird im Profil dann von der Sandsteingruppe (ca. 100 Meter Mächtigkeit) abgelöst, die im wesentlichen aus dunklen Kalksandsteinen besteht.
Kieselkalke mit hohem Hornsteinanteil bilden darauf folgend die mittleren Roßfeldschichten.
Die oberen Roßfeldschichten sind dagegen durch klastische Einschaltungen gekennzeichnet, dabei wechseln grobe Klastika, die Komponenten bis zu mehreren Metern Größe enthalten können, mit dünnen verkieselten und zum Teil hornsteinführenden Sandsteinen. Sie zeugen von bedeutenden gebirgsbildenden Veränderungen: südlich des Ablagerungsgebietes setzen die Deckenüberschiebungsprozesse ein.

Diese Schichtenfolge reicht bis in die obere Unterkreide, danach erstreckt sich bis zum Einsetzen der Gosau eine Schichtlücke: der Bereich der Nördlichen Kalkalpen fiel trocken und wurde für eine gewisse Zeit Festland.

Gosauschichten

In der höheren Oberkreide greifen die Gosauschichten transgressiv über ältere Gesteine an verschiedenen Lokalitäten, sie überdecken auch die Grenze Tirolikum zu Tief- und Hochjuvavikum. Es muß daher die Überschiebung des Juvavikums auf das Tirolikum vor der Sedimentation der Gosauschichten stattgefunden haben, da diese Schichten den bereits vollzogenen Deckenbau bei ihrer Ablagerung antreffen.
Ein sehr heterogenes Erscheinungsbild ist kennzeichnend für die Gosauschichten. So wechseln sich auf engstem Raum verschiedene (Flachwasser-) Faziesausbildungen ab, ebenso vielfältig strukturiert erscheinen sie im Profilschnitt. Von Ablagerungen eines äußerst flachen Meeres bis hin zu tieferen, unter sehr ruhigen Bedingungen gebildeten Sedimenten kann jede Ausbildung vertreten sein. Ebenso differenziert erscheint die Fauna. Schnecken (Actaeonellen, Nerineen), Muscheln, Brachiopoden, riffbildende Organismen, die besonders erwähnenswerten Hippuriten und weitere erscheinen neben den in tieferem und ruhigerem Milieu verbreiteten planktonischen Foraminiferen.
Im Salzburger-Reichenhaller Bekken bilden bis zu mehrere hundert Meter mächtige Brekzien und Konglomerate die Basis, Sandsteine und Mergel vertreten diese an anderer Stelle (Glanegger Schichten). Darüber folgt ein zweiter Zyklus, der, auflagernd auf lateritischen und bauxitischen Verwitterungsprodukten, wiederum mit Klastika beginnt, dann aber in Riffbildungen und Riffschuttkalke übergeht, den sogenannten „Untersberger Marmor“ mit seinen typischen Fossilien wie Schnekken, Muschel und Korallen.
Knollige, mergelige Kalke mit reicher planktonischer Fauna bilden den Abschluß, sie vertreten hier die dritte Einheit der Gosau und werden auch als Nierentaler Schichten bezeichnet.

Nierentaler Schichten

Sie entwickeln sich aus den Gosaumergeln und -kalken und sind von grau-grüner bis roter Farbe. Gelegentlich sind Kalkbänke und Sandsteine eingeschaltet. In dieser Ausbildung können sich die Nierentaler Schichten stratigraphisch ohne Sedimentationsunterbrechung bis in das Alttertiär erstrecken.

Tertiär

Nierentaler Schichten
(Fortsetzung)

Kalkreiche Mergel und Mergelkalke mit Sandsteinvorkommen in den oberen Partien sind in geringer Ver-

breitung im Vorfeld des Nationalparks Berchtesgaden anzutreffen. Sie setzen die Fazies der Gosau über das Paleozän bis in das Eozän fort. Kennzeichnend sind in den oberen Partien Nummuliten (mehrere Millimeter große einzellige Foraminiferen), die schon makroskopisch leicht zu erkennen sind.
An anderer Stelle setzt sich nach einer erneuten Transgression die Folge mariner Sedimente in anderer Fazies ebenfalls bis in das Eozän fort. Auffallend ist die reiche Fossilführung, Korallen, Muscheln und Schnecken sind häufig.

Augensteine

Unter Augensteinen werden den Hochflächen der nordalpinen Kalkplateaus auflagernde Schotter verstanden, die im wesentlichen aus Quarzen und Quarziten neben anderen Geröllen zentralalpinen Ursprungs sowie verschiedenen Sandsteinen bestehen. Sie wurden nach der Hebung und dem Trockenfallen der Nordalpen durch Flüsse aus dem zentralalpinen Raum über das Gebiet des damals noch nicht eingebrochenen Salzachquertales herangeschafft und auf der sogenannten Augensteinlandschaft abgelagert. Diese ist vollständig erodiert und wäre 50 – 100 Meter über der heutigen Landschaftsoberfläche zu denken. Die heute noch erhaltenen Augensteinvorkommen sind daher mindestens einmal umgelagert worden.

Quartär

Neben Brekzien, Konglomeraten und dem ebenfalls verfestigten Ramsauer Mühlstein sind vor allem Lockergesteinsbildungen von großer Ausdehnung als quartäre Deckschichten festzustellen. So werden große Areale des Berchtesgadener Landes von Moränenablagerungen überdeckt, die im wesentlichen als würmeiszeitliche Grundmoränen anzusprechen sind. Seltener sind dagegen rißeiszeitliche Fernmoränen erhalten.

Fernmoräne

Fernmoränenüberdeckung ist flächenhaft in der Ramsau im Tal des Lattenbaches, des Pfaffentals sowie im Bereich des Schwarzecks anzutreffen.
Im Unterschied zur Lokalmoräne sind hier zwischen Blöcken lokal anstehender Gesteine Geschiebe zentralalpinen Ursprungs nachzuweisen. Eine Zuordnung der Fernmoräne zur Mindel- oder Rißglazialzeit bleibt fraglich (vgl. dazu RATHJENS 1939).

Interglazialer Nagelfluh

Er steht ebenfalls im Gebiet der Ramsau in der Umgebung des Antenbichls an.
Das Geröllspektrum dieses Konglomerats wird vom Dachsteinkalk beherrscht, die einzelnen Komponenten erreichen Größen im Dezimeterbereich. Auch sind hier, vergleichbar

mit der Dachsteinkalkbrekzie, sandige Partien eingeschaltet. Sedimentstrukturen, vor allem größere Schrägschichtungskörper, weisen auf fluviatile Bildungsbedingungen des Konglomerats hin.
Es stellt sich somit die Frage nach der Beziehung des Interglazialen Konglomerats zur Dachsteinkalkbrekzie. Anklänge an ein Konglomerat sind in der Brekzie zu finden (BARTH 1966: „Schotter“), wie auch brekziöse Einflüsse in dem Konglomerat festzustellen sind. Vergleichbar sind sandige Partien und Einschaltungen, wie auch der Grad der Lithifizierung. Eine endgültige Klärung der Frage nach der Beziehung dieser Gesteine zueinander kann daher hier nicht gegeben werden. Es bleibt dennoch festzuhalten, daß gewisse Ähnlichkeiten innerhalb der beiden Gesteine vorhanden sind. Das Alter des Interglazialen Konglomerats kann sicher mit Vor-Würm angegeben werden, da an verschiedenen Stellen eine fleckenhafte Überdeckung mit Lokalmoräne nachgewiesen werden kann.

Ramsauer Mühlstein

Im Gebiet zwischen der Sommerau und der Mündung des Wimbaches in die Ramsauer Ache steht auf der rechten Talseite der Ramsauer Ache der Mühlstein an. Ein weiteres bedeutendes Vorkommen befindet sich entlang des Lattenbaches. Diese Verteilung läßt die heutigen Vor-

Konglomeratbänke des Ramsauer Mühlsteins. Große Schrägschichtungskörper zeigen die Umlagerung des glazialen Geschiebes durch Flüsse an.

Komponenten aus dem zentralalpinen Bereich bestimmen das Inventar.

kommen als Relikte erkennen, die von einer nachträglichen Ausräumung nicht betroffen wurden.
Bei dem Ramsauer Mühlstein handelt es sich um ein Konglomerat, dessen Geröllspektrum von zentralalpinen Gesteinen bestimmt wird. Die Größe der einzelnen Gerölle bewegt sich im Zentimeter- bis Dezimeterbereich, die Matrix des Konglomerats ist als kalkig-sandig zu bezeichnen.
An verschiedenen Stellen innerhalb der Konglomerate sind Sedimentstrukturen zu erkennen (u.a. Schrägschichtungskörper), die auf fluviatile Ablagerungsbedingungen schließen lassen.
Die stratigraphische Einstufung des Ramsauer Mühlsteins wird von RATHJENS (1939) mit Mindel/Riß-Interglazial vorgenommen, BARTH (1966) sieht ihn als riß/würmzeitlich an. Sicher ist auf jeden Fall die Einstufung des Ramsauer Mühlsteins älter als Würmglazial, da in der Würmmoräne Stücke des Ramsauer Mühlsteins aufgearbeitet sind.

Dachsteinkalkbrekzie

Die Dachsteinkalkbrekzie folgt südlich anschließend an den Ramsauer Mühlstein im Gebiet zwischen Sommerau und Wimbach. Es handelt sich bei diesem Gestein um eine sedimentäre Brekzie, die vorherrschend aus Dachsteinkalkkomponenten verschiedener Größe besteht. Dazwischen sind sandige Einschaltungen mit Sedimentstrukturen anzutreffen. Von PENCK & BRÜCKNER (1909) wird die Brekzie als Schotter beschrieben, ihre Mächtigkeit mit ca. 130 Metern angegeben. BARTH (1966) faßt dieses Gestein als Schwemmkegel des Wimbaches auf und weist ihm riß/würminterglaziales Alter zu. Aufgrund der im Vergleich zum Ramsauer Mühlstein noch nicht so weit fortgeschrittenen Lithifizierung erscheint dies plausibel, allerdings wäre dann die Einstufung des Mühlsteins in das Mindel/Rißinterglazial im Sinne von RATHJENS (1939) vorzunehmen.

Lokalmoräne

In nicht übersteilten Gebieten oder Bereichen bis etwa 1450 Meter Höhe sind die älteren Schichtglieder oftmals durch Lokalmoräne überdeckt. Im Komponenteninventar der Moräne sind ausschließlich lokal anstehende Gesteine festzustellen (z.B. Dachsteinkalk, Rotkalke, Ramsauer Mühlstein), die einzelnen Blöcke können Metergröße erreichen.

Dies ist darauf zurückzuführen, daß in der Würmeiszeit nicht mehr ein solches Ausmaß der Vergletscherung erreicht wurde, das nötig gewesen wäre, um aus zentralalpinen Bereichen etwa den Hirschbichlpaß zu überwinden. So ist die Zusammensetzung des vorliegenden Geschiebematerials mit einer mehr oder weniger ausgedehnten Lokalvergletscherung während der Würmeiszeit in Verbindung zu bringen.

Bei einigen Lokalitäten kann festgestellt werden, daß diese Ablagerungen auf einer älteren Moränenbildung liegen, die schon verfestigt ist.

Buckelwiesen sind typisches Moränengelände.

Das Komponenteninventar der älteren Moräne ist weitgehend mit dem der jüngeren Bildung vergleichbar, allerdings erreichen die einzelnen Komponenten nicht deren Größe.

Moränenwälle sind am Hagengebirgswestrand weit verbreitet festzustellen. Die meisten von ihnen dürften in ihrer Entstehung auf Rückzugsstadien der Gletscher zurückzuführen sein. Dies ist besonders gut im Bereich des Königstals und des Priesberger Mooses zu erkennen, wo sie auch durch eingelagertes Feinmaterial als Wasserstauer wirksam sind. Ebenso wird für die Abdichtung des Seeleinsees gegen den umgebenden Karst Moränenmaterial verantwortlich gemacht.
In der Umgebung des Blaueisgletschers am Hochkalter zeigen drei Endmoränenwälle Stillstandsphasen verschiedener Eisvorstöße an. Die beiden oberen Moränenwälle bestehen im wesentlichen aus Grundmoränenmaterial, während im unteren Wall eine ausgeprägte Blockpackung festzustellen ist, was neben der Eistätigkeit einen Hinweis auf Bergsturzereignisse gibt („Felssturzmoräne“, DÜRR 1970 und „Bergsturzmoräne“, v. KLEBELSBERG 1948/49).

Erratische Blöcke

Erratische Blöcke finden sich in der Umgebung des Königssees (Schusterstein) und beispielsweise auch im Gebiet der Obergern und von Ettenberg. Sie fallen vor allem durch ihre Lage (mitten in der grünen Wiese) und Größe (bis zu hausgroß) auf. Als Transport- und Ablagerungsmechanismus wird angenommen, daß diese Blöcke während des Glazials auf den Gletscher gefallen sind und sich entweder durch diesen durchgeschmolzen haben oder dann während des Eisrückzuges zur Ablagerung kamen.

Seetone

Hierbei handelt es sich um ein sandig-tonig-siltiges Lockersediment, dessen Entstehung und Ablagerung auf die Wechselwirkung von Permafrost mit Oberflächenabfluß zurückzuführen ist (FISCHER 1985). Die Seetone sind von weißer bis hellbrauner Farbe, sie wirken als Wasserstauer und es kommt häufig zur Torfbildung.
Sie werden auch für die Abdichtung des Funtensees im ansonsten voll verkarsteten Gebiet des Steinernen Meeres verantwortlich gemacht. Nordwestlich des Funtensees erreichen die Seetone eine größere Verbreitung, die in ihrer Höhenlage mit den südöstlich des Sees gelegenen Terrassenbildungen korrespondiert.
Ein weiteres nennenswertes Vorkommen befindet sich im Wimbachtal südlich der Klamm, dort wurden die Seetone früher gewerbsmäßig abgebaut.

Bergsturz

Bergstürze sind neben der Verkarstung und Schuttbildung der auffäl-

Der Schusterstein an der Bundesstraße Berchtesgaden – Königssee.

ligste Ausdruck der Gebirgszerstörung. Bis zu hausgroße Gesteinsblöcke liegen wild verschachtelt auf- und nebeneinander und machen oftmals das Begehen eines solchen Gebiets unmöglich, wenn es nicht extra erschlossen ist. Es ist nicht möglich, die zahlreich vorkommenden Bergsturzareale einzeln zu beschreiben, es werden daher einige ausgewählte Lokalitäten herausgegriffen.

Eines der bekanntesten Bergsturzgebiete im Berchtesgadener Land ist der Zauberwald in der Ramsau am Hintersee. Aufgrund von Verwitterungserscheinungen am Bergsturzmaterial, das aus Dachsteinkalk besteht, dürfte dieser in das Spätglazial zu stellen sein. Das Hohlvolumen der Abbruchzone dieses Bergsturzes, zwischen Steinberg und Schärtenspitze gelegen, wird von ABELE (1974) mit 17 Mio Kubikmeter angegeben. Die obere Kantenlänge der Abbruchzone beträgt dabei 400 Meter. Die anderen Bergstürze, die in der geologischen Karte dargestellt sind, erreichen nicht diese Dimension. Am Farrnleiten, Hochgschirr und im Landtal sind weitere augenfällige Bergsturzvorkommen aufzufinden. Die oft mehrere m^3-großen Dachsteinkalkblöcke liegen regellos auf- und nebeneinander und sind teilweise bewachsen (Farrnleiten, Landtal). Als Ursache für die meisten Bergstürze im Berchtesgadener Land wird das Abschmelzen der Gletscher angeführt, wodurch den übersteilten Talflanken oder Wänden das Widerlager entzogen wurde.

Verfestigter Bergsturz

An der alten Reichenhaller Straße zwischen der Ramsauer Straße und dem Bindenkreuz ist in einem kleinen Vorkommen ein verfestigter Bergsturz aufgeschlossen.

Dabei sind m^3-große Dachsteinkalkblöcke ineinander verkeilt und miteinander verbacken.
Aufgrund des relativ kleinen Vorkommens sowie der fortgeschrittenen Lithifizierung kann für dieses Bergsturzereignis vorwürmeiszeitlich in Betracht kommen, eine nachträgliche Ausräumung bzw. Überdeckung durch Lokalmoräne kann für diese Lokalität nicht ausgeschlossen werden.

Hangschutt

Eine gemäßigtere Form der Gebirgszerstörung findet mit der Schuttbildung statt. Insbesondere höhergelegene Berge oder Steilwände werden an ihrem Fuß mit einem Schutt-

Im Bergsturzgebiet des Zauberwaldes in der Ramsau.

Schuttbildung am Wandfuß in der Umgebung des Grünsees.

schleier überdeckt, der beträchtliche Mächtigkeit erreichen kann.
Der Hangschutt besteht aus den in darüber liegenden Bereichen anstehenden Gesteinen (meist handelt es sich dabei um Ramsaudolomit, Dachsteinkalk oder Hauptdolomit), die Größe der einzelnen Bruchstücke kann dabei bis in den Bereich mehrerer Dezimeter gehen. Hauptursache für diese Bildungen ist die Frostsprengung, Voraussetzung oftmals eine tektonische Auflockerung des Gesteins.

Schuttfächer

Charakteristisch für Schuttfächer ist die oftmals festzustellende, annähernd dreieckige Form, wobei die Spitze auf das Liefergebiet weist; sie können sowohl rein durch die Schwerkraft wie auch durch fluviatile Prozesse entstehen. Bei gravitativen Schuttfächern findet zusätzlich eine Materialsortierung nach der Größe aufgrund der unterschiedlichen kinetischen Energie statt (an ei-

Schuttfächer an der Reiteralm. Die hellen Wandpartien zeigen die Ausbruchsstellen an.

nigen Stellen im Landtal gut zu erkennen), während bei fluviatilen Schuttfächern das Transportmedium die entscheidende Rolle spielt (Bsp. Mündungsbereich des Kesselbaches in den Königssee oder bei der Ronneralm).

Talschotter

In den Talbereichen sind Talschotter bestimmend. Ihr fluviatiler Transport, die Ablagerung und auch die nachfolgende Ausräumung wird in Terrassen sichtbar.

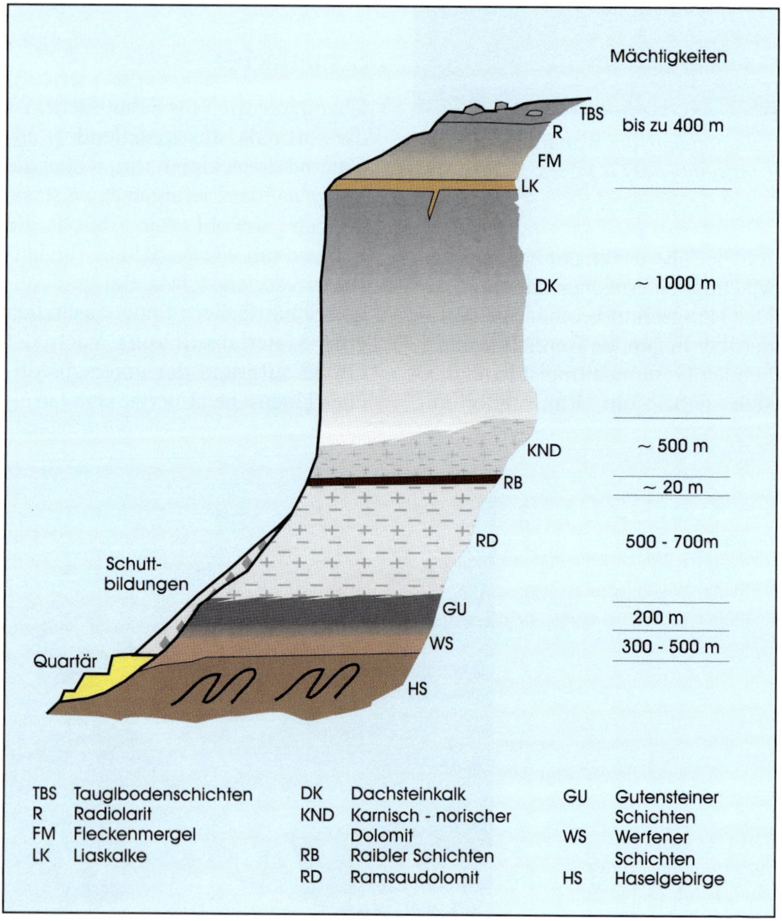

Häufig auftretendes Gesteinsprofil in den Berchtesgadener Alpen.

Die Entwicklung der Ablagerungsräume

Trias

Beginnend mit den permoskythischen Salinarbildungen erfolgt bis in die mittlere Trias eine stetige Zunahme vollmariner Sedimentationsbedingungen. Zunächst zeigen die Unteren Werfener Schichten mit ihren Sandsteinen noch landnahe Einflüsse an, die sich dann aber rasch verringern. Es stellen sich darauf im gesamten Gebiet lagunäre Verhältnisse ein. Dabei zeigt die Dolomitbildung an, daß es sich um äußerst flachmarines Milieu handelt, eventuell sogar um zum Teil vom offenen Meer abgeschnittene Bereiche.

In der mittleren Trias bleiben diese Verhältnisse stabil, sie werden nur von den Sandsteinen der Raibler Schichten kurz unterbrochen, die noch einmal terrigenen Einfluß erkennen lassen.

In der Entwicklung des Karnisch-Norischen Dolomits werden dagegen Veränderungen des Sedimentationsraumes sichtbar. Aus den vom offenen Meer fernen und vielleicht auch eingeschränkten Lagunen entwickeln sich durch Ausbreitung des Meeres Bereiche, in denen nahezu uneingeschränkter Austausch mit dem offenen Meer herrscht. Dadurch werden die eingeschränkteren Lagunenverhältnisse an den Rand des späteren „Berchtesgadener Landes“ gedrückt. Als Folge davon entwickelt sich so aus dem Ramsaudolomit über den Karnisch-Norischen Dolomit die Fazies des lagunären Dachsteinkalkes.

Gleichzeitig werden innerhalb und an den Rändern der weitgespannten Karbonatplattformen Differenzierungen sichtbar. Die Lagunen sind in sich gegliedert, Bereiche mit relativ wenig Wasserbewegung wechseln mit solchen höherer Wasserenergie, was sich auch in Art und Zusammensetzung der Fauna äußert. Dazwischen können einzelne kleine Riffe entstehen. Diese gruppieren sich vorzugsweise an den Rändern zu tieferen Meeresbereichen, in denen die Hallstätter Fazies vorherrscht. An den Kanten der Karbonatplattformen zum offenen Meer ist dagegen ausgeprägtes Riffwachstum zu bemerken. Um die Riffe ziehen sich Schuttgürtel, die ihr Material aus dem Riff erhalten. Im weiteren Vorriffbereich findet die Sedimentation der Beckenfazies statt. Diese Verhältnisse bleiben während der gesamten Obertrias nahezu unverändert.

Ein gewisser Widerspruch besteht in der Mächtigkeit des Dachsteinkalkes zu den lagunären Verhältnissen mit Wassertiefen von nicht mehr als zwanzig Metern. Dieser wird dadurch erklärbar, daß durch die Entwicklungen in der Tethys eine ständige Absenkung des Schelfrandes hervorgerufen wurde, die durch or-

ganische Karbonatproduktion, also eine sehr rege Organismentätigkeit, ausgeglichen wurde. Damit wird auch die große Mächtigkeit des Dachsteinriffkalkes verständlich.
Mit Beginn des Jura ändern sich diese Verhältnisse rapide.

Jura

An der Wende Rhät/Lias erfolgt durch eine Zunahme der Absenkungsrate des Untergrundes, die auch mit der Öffnung des Atlantiks in Verbindung zu bringen ist, ein Zerbrechen der großräumigen triadischen Dachsteinkalkplattform in einzelne Blöcke. Dadurch werden Bereiche mit relativ kleinen und differenzierten Sedimentationsräumen geschaffen. Dies findet seinen Ausdruck in den zeitgleichen Sedimenten des unteren Jura, die unterschiedliche Bildungsbedingungen und Tiefenverhältnisse erkennen lassen.
So treten zeitgleich verschiedenartige Gesteine nebeneinander auf, auch sind tektonisch-sedimentär bedingte Erscheinungen wie Gleitschollen, synsedimentäre Faltungen und gekippte Blöcke über den ganzen Lias hinweg festzustellen. Diese tektonisch sehr bewegte Phase ist zumindest während der Zeit der Manganschieferbildung mit Vulkanismus verbunden gewesen. Ab der Grenze Lias/Dogger wird durch die weiter anhaltende Absenkung ein relativ homogenes Relief geschaffen, das im wesentlichen durch die Entwicklung der bankigen Hornsteine und Fleckenmergel repräsentiert wird. Den Höhepunkt der Absenkung bildet dann im Malm die Radiolaritentwicklung, diese Beckenfazies wird in kalkiger Ausbildung und unter etwas weniger tiefen Bedingungen mit den Oberalmer Kalken weitergeführt. Als Vorboten des nächsten tektonischen Geschehens kündigen sich die klastischen Einschaltungen der Tauglbodenschichten im Radiolarit an, die in den Barmstein-Kalken ihre Fortsetzung finden. Gleichzeitig bilden sich aber auch auf Schwellenbereichen wieder Karbonatsedimente, die erneut lagunenartige Züge tragen. Ein eindrucksvolles Gesamtprofil durch die Gesteine des Jura ist in der Ramsau in der Wimbachklamm aufgeschlossen, wo besonders die schnelle Absenkung dieses Bereiches in tiefere Sedimentationsräume deutlich wird.

Kreide

Die Beckenfazies des Jura mit den Oberalmer Schichten wird in der Unterkreide zunächst durch die Schrambachschichten fortgeführt. Aus diesen entwickeln sich allmählich die Roßfeldschichten, die in ihren tieferen Partien auch landnahe Einflüsse erkennen lassen, in den oberen Partien enthalten sie dagegen bedeutende Klastika. Diese werden in Zusammenhang mit dem Eingleiten des Juvavikums gebracht, sie sind also Ausdruck der im Süden beginnenden und weiter nach Norden vorrückenden deckentektonischen Prozesse.

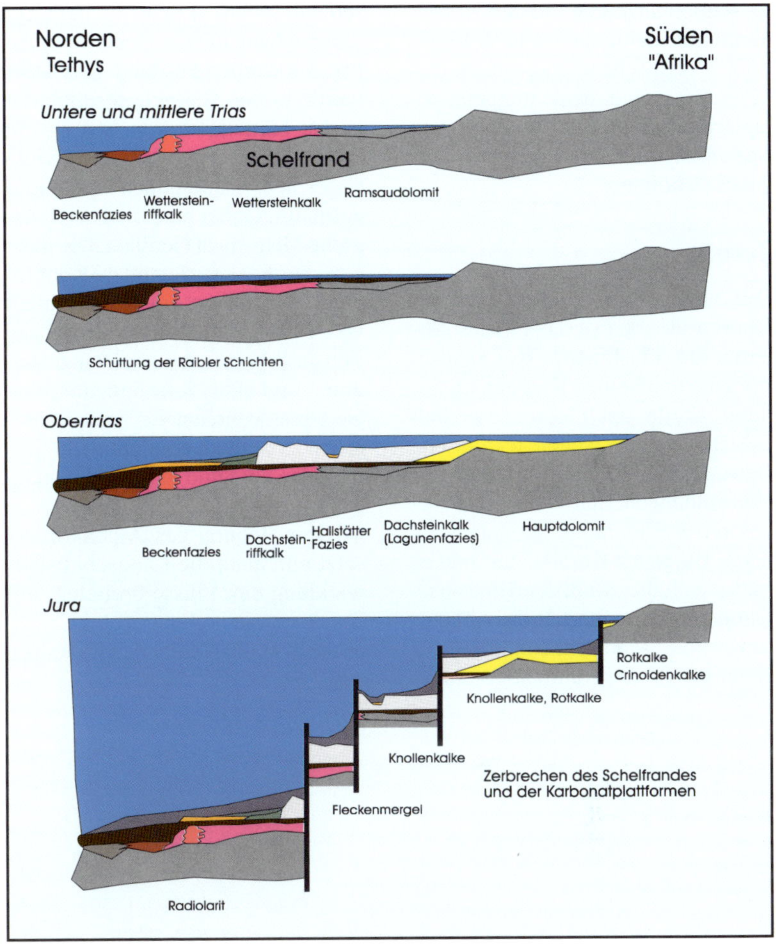

Die Entwicklung der Ablagerungsräume in der Trias und im Jura.

Nach einer mehr oder weniger lang andauernden Schichtlücke erscheinen in der Oberkreide die Sedimente der Gosau, sie transgredieren mit basalen Konglomeraten und Brekzien auf den nun vollzogenen Deckenbau.

In ihrer vielfältigen Ausprägung wird die kleinräumige Gliederung des Sedimentationsraumes deutlich. Es erscheinen sehr differenzierte Flachwasserbildungen, sie reichen von Flachwasserkarbonaten, die bewegtes Milieu anzeigen, bis hin zu riffähnlichen Bildungen und untergeordnet klastischen Sandsteinen. Daneben treten Sedimente ruhigerer pelagischer Bereiche auf, die sich stratigraphisch bis in das Tertiär erstrecken können.

Tertiär

Die relativ ruhige Beckenfazies der Oberkreide setzt sich bis in das Alttertiär fort. Flachmarine Karbonatsedimente erscheinen dagegen an anderer Stelle nach einer erneuten Schichtlücke, die weitere tektonische Bewegungen anzeigt, mit Transgressionsbildungen. Zum letzten Mal treten in der Schichtenfolge neben anderen Biogenen Korallen auf und es bilden sich die „Rudistenriffe“ aus.
Damit war im Alttertiär die Ablagerung von Meeressedimenten im Berchtesgadener Raum abgeschlossen. Dies steht in ursächlichem Zusammenhang mit der Hebung der Alpen, sie wurden Festland. Das Meer wurde in den Bereich nördlich der Alpen zurückgedrängt, wo es mit der Molasse die Abtragungsprodukte des neu entstandenen Festlandes aufnahm. Dabei handelt es sich um große Mengen an Geröllen. Die mehr oder weniger verfestigten Konglomerate erreichen eine Mächtigkeit von bis zu 5000 Meter und erstrecken sich nach Norden bis zur Donau, darunter sind auch Komponenten von Gesteinen vertreten, die heute im Bereich der Kalkalpen nicht mehr aufzufinden sind und daher vollständig erodiert wurden.
Mit der Hebung des Alpenkörpers setzt nun auch die Landschaftsentwicklung ein, Flüsse breiteten mit den Augensteinschottern eine Geröll-decke über die Nördlichen Kalkalpen aus.

Die großtektonischen Verhältnisse

Die vorwiegend mesozoischen Sedimentgesteine der Nördlichen Kalkalpen wurden zusammen mit ihrer paläozoischen Unterlage (der südlich der Kalkalpen gelegenen Grauwackenzone) aus einem Ablagerungsgebiet weit südlich der heutigen Tauern in Form von Decken nach Norden transportiert. Sie wurden dabei von ihrem kristallinen Untergrund abgeschert.

Die in der Trias weiträumig abgelagerten, mehrere 1000 Meter mächtigen Karbonatsedimente zerbrachen im Jura, was mit der Entstehung des penninischen Ozeans und der Öffnung des Atlantiks in Zusammenhang steht. Damit wird im höheren Malm die bisher vorherrschende Dehnungstektonik durch Einengungstektonik abgelöst, die, ausgelöst durch eine Rotation und das nach Norden-rücken Afrikas, von Süden nach Norden voranschreitet.

Eine während der Kreide einsetzende Subduktion war dafür verantwortlich, daß der südlichste Rand des penninischen Ozeans, das heutige Ostalpin und damit der ursprüngliche nördliche Schelfrand Afrikas, aufgestapelt und nach Norden transportiert wurde. Dabei wurde der ehemalige kristalline Sockel des Ostalpins vollständig subduziert.

Wie aus Untersuchungen der Gosauschichten hervorgeht, setzt der nach Norden gerichtete Transport der Kalkalpen über die Tauern in der Kreidezeit ein. Durch Erosion und Hebung sind heute diese überfahrenen Bereiche des Penninikums im Tauernfenster zu erkennen.

Im Jungtertiär schließlich überfuhren die Nördlichen Kalkalpen zusammen mit dem Flysch und dem Helvetikum einen Teil der nordalpinen Molasse, sie lösten sich dabei zum Teil von ihrer paläozoischen Unterlage.

Der tektonische Bau des Berchtesgadener Landes wird von drei verschiedenen großtektonischen Einheiten oder Decken beherrscht, die schüsselförmig ineinander liegen. Die tiefste Einheit wird als Tirolikum bezeichnet. Ihr gehören das Steinerne Meer und Hagengebirge an sowie am Nordrand der Kalkalpen Hochstaufen, Rauschberg und Zwiesel. In dieser großen Mulde liegen die Gesteine des Hallstätter Faziesbereiches, die als Tiefjuvavikum bezeichnet werden. Das Tiefjuvavikum bildet einen lückenhaften, schmalen Saum oder Schollenkranz um das Hochjuvavikum, dem die Reiteralm, das Lattengebirge und der Untersberg angehören.

Allerdings wurde in neuerer Zeit die Stellung des Tiefjuvavikums als eine selbstständige Deckeneinheit aufgrund von Lokaluntersuchungen angezweifelt und ihm eine Stellung zugewiesen, die in enger Beziehung zum Hochjuvavikum steht. Gleichfalls in Betracht gezogen wird in Zusammenhang mit der Bildung der Roßfeldschichten eine Position des Tiefjuvavikums als sedimentäre Deckschollen. Ebenso wird das Eingleiten des Hochjuvavikums in das Tirolikum in Form eines Megaolistholiths bereits im Malm diskutiert.

Die Aufeinanderstapelung dieser Deckeneinheiten bzw. das Eingleiten des Hochjuvavikums in die tirolische Mulde fand auf jeden Fall schon vor oder in der Kreide statt (vorgosauisch), was sich am Untersberg durch die dortigen Lagerungsverhältnisse und Altersbeziehungen verschiedener Gesteine zueinander nachweisen läßt.

Knapp südwestlich des Untersberges wird dieser Deckenbau in einem tektonischen Fenster sichtbar, wo im sogenannten „Gschirrkopffenster" tirolische Gesteine das Hochjuvavikum durchstoßen.

Durch dieses Prozeßgeschehen werden die Lagerungsverhältnisse am Nordrand der Berchtesgadener Alpen verständlich: Auf die Molasse aufgeschoben und diese damit zum Teil verfaltet liegen das Helvetikum und der Flysch. Es folgt das Bajuvarikum mit Allgäu- und Lechtaldecke, die wiederum vom Tirolikum zum Teil gänzlich überschoben werden, auf dem Tirolikum lagert das Juvavikum auf.

Im Berchtesgadener Land selbst sind zwei regionale Störungssysteme vorherrschend. Es sind dies zum einen Störungen, die in Richtung des Königssees angelegt sind, und zum anderen Störungen, die senkrecht dazu in Richtung des Obersees streichen. Das Landtal und der Abwärtsgraben im Hagengebirge folgen diesen Richtungen, ebenso wie das Wimbachtal und Klausbachtal. Im Steinernen Meer sind diese Systeme ebenfalls ausgeprägt und Karstphänomene zeichnen diese Richtungen nach. Oftmals erscheinen daran Dolinen aufgereiht.

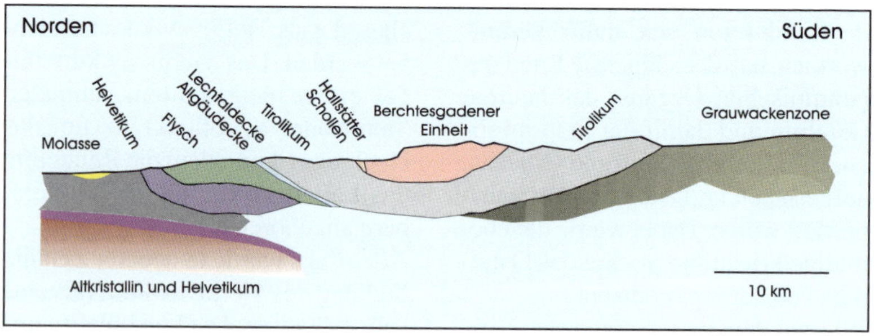

Idealisiertes Nord-Südprofil durch die Berchtesgadener Alpen.

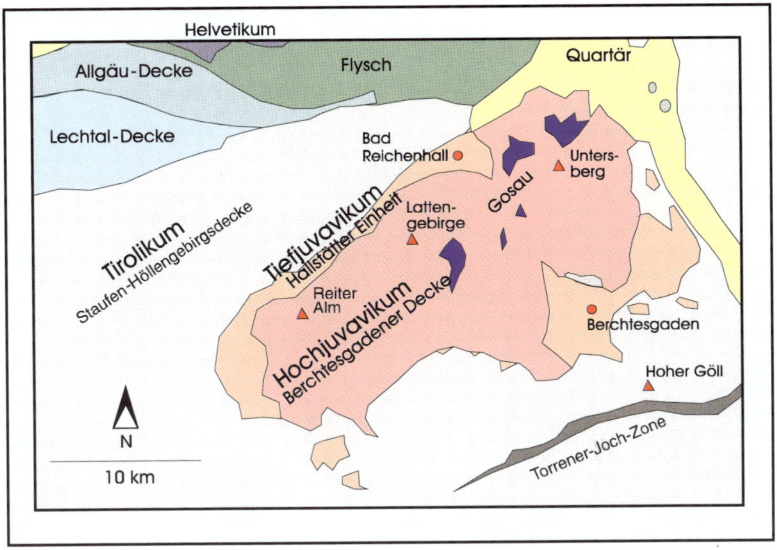

(umgezeichnet und ergänzt nach: geol. Karte v. Bayern
1 : 100 000, Bl. 667 Bad Reichenhall, geol.-tekt. Ü.-Karte.
Bayer. Geol. L.-A. München, 1978.)

Vereinfachte Übersicht der großtektonischen Einheiten im Berchtesgadener Raum.

Das Biwak der Höhlenforscher in der Salzgrabenhöhle.

Höhlen und ihre Sedimente in den Berchtesgadener Alpen

Im Berchtesgadener Land liegt mit über 9 km Ganglänge nicht nur eine der längsten Höhlen, sondern mit über 700 m Höhenunterschied auch die tiefste Höhle Deutschlands. Daneben sind zahlreiche weitere Höhlen katastermäßig erfaßt und beschrieben (Kataster des Vereins für Höhlenkunde in München e. V., Salzburger Höhlenbuch Bd. 1 – 3).
Diese Kataster bildeten die Grundlage für die Untersuchungen an Höhlen und Höhlensedimenten, die beispielhaft im Steinernen Meer und im Hagengebirge durchgeführt wurden. Für den Untersberg wurden von KNAPPCZYK (1984) ähnliche Untersuchungen vorgenommen, sie decken sich im wesentlichen mit den hier im weiteren vorgestellten Ergebnissen.
Die Höhlen im Steinernen Meer und im Hagengebirge sind nicht zufällig verteilt. Bei der Analyse der Höhenlage der bekannten horizontalen Gangstrecken der beiden Gebirgsstöcke lassen sich deutliche Maxima erkennen (Quelle: Salzburger Höhlenbuch Bd. 2, 3). So liegen im Steinernen Meer ausgeprägte Maxima in ca. 2400, 2100, 1850 und 1600 müNN. Die Salzgrabenhöhle bildet ein zusätzliches Maximum in ca. 1000 müNN. Im Hagengebirge liegen Maxima in 2000, 1900, 1600 und 1500 müNN. Die Höhlen im Salzachtal erscheinen zwischen 600 und 800 müNN. Diese Höhlenniveaus, die auch an anderen Stellen in den Nördlichen Kalkalpen festzustellen sind, waren lange umstritten, gelten aber seit der Arbeit von SCHAUBERGER (1955) als gesichert. Von ZÖTTL (1974) und BÖGLI (1978) wurden sie weiter bekräftigt.
Durch die verschiedenen Arbeiten von BÖGLI (zusammenfassend dargestellt in BÖGLI 1978) zur Karsthydrographie und Höhlenentstehung und -entwicklung wurden weitere Grundlagen geschaffen, die von großer Wichtigkeit für die Beurteilung der speläogenetischen Entwicklung eines Gebietes sind (Stichworte: Mischungskorrosion, karsthydrographische Zonierung, Gangentwicklung und Speläomorphologie). Diese Erkenntnisse wurden auf die Gegebenheiten im Steinernen Meer und im Hagengebirge übertragen.
Dabei wurde nachgewiesen, daß sich in jeder Höhenlage und in jedem Höhlenniveau zumindest während der Jugendphase vieler Höhlen phreatische Bildungsbedingungen feststellen lassen. Vadose Verhältnisse wirkten überprägend auf die phreatisch geschaffenen Raumformen, daraus kann ein Tieferlegen der

phreatischen Zone abgeleitet werden (genaue Angaben über Lokalitäten und ausführlichere Beschreibung bei LANGENSCHEIDT 1986).

Höhlensedimente werden in vier Gruppen untergliedert. Dabei unterscheidet man zwischen klastischen, organischen und chemischen Sedimenten sowie Höhleneis (BÖGLI 1978).

Gegenstand der hier vorgestellten Untersuchungen waren klastische Höhlensedimente, sowohl Lockersedimente wie auch verfestigte Konglomerate. Beprobt wurden Höhlen aus den o. a. Niveaus. Da die Korngrößenverteilungen der Lockersedimente meist nur die lokalen Strömungsverhältnisse in den Höhlen dokumentieren, wird hier auf ihre Darstellung und weiterführende Inter-

Grünseehöhle.

pretation verzichtet. Dagegen ist das Komponenteninventar der Lockersedimente von Interesse. Bei quantitativen Auswertungen wurde unterschieden zwischen lokalen Dachsteinkalken, Quarzgeröllen, Sandsteinen und Sonstigen, die sowohl kalkalpine Gesteine wie auch kristalline Gesteine beinhalten. Für weiterführende Interpretation wurden die klastischen Lockersedimente auch mit aufgelösten, verfestigten Höhlensedimenten und mit Augensteinvorkommen verglichen. Dabei hat sich gezeigt, daß in den Grobfraktionen der Höhlensedimente Dachsteinkalk und Sandsteine dominieren, während bei den Augensteinen Quarze vorherrschen. Der Gehalt an sonstigen Komponenten läßt keine weiteren Interpretationen zu, er schwankt unabhängig von der Korngröße und läßt sich zum Teil auf Resedimentationserscheinungen zurückführen. Bemerkenswert ist, daß sich nur in Höhlen des obersten Niveaus Quarze größer/gleich -1 PHI finden, was sowohl Lockersedimente wie auch verfestigte Höhlensedimente betrifft. Eine Ausnahme bilden lediglich die Sedimente im Scheukofen, in denen aber extreme Umlagerungserscheinungen festzustellen sind.

Das Komponentenspektrum der Höhlensedimente umfaßt:

- kalkalpine Gerölle:
  Dachsteinkalkgerölle,
  Gerölle der liassischen Rotkalkgruppe (su. FABRICIUS 1966),
  Filamentkalke,
  Fleckenkalke,

Zahlreiche Höhlenportale in der Umgebung des Schlumsees.

Gerölle aus den Zentralalpen lagern in Höhlen oder direkt auf den Hochplateaus. Gräulich-blau erscheinen die Quarze, teilweise von Verwitterungsbildungen umkrustet. Polarisiertes Licht, Vergrößerung ca. 150x .

Radiolarit,
Bohnerze und Bauxite.

- Gerölle nicht kalkalpiner Herkunft:
  Gangquarze und metamorphe Quarzaggregate (5 Typen),
  quarzreicher Glimmerschiefer,
  intern verfalteter Quarz-Glimmerschiefer,
  Zwei-Glimmerschiefer und Chlorit-Glimmerschiefer,
  sehr schwach hornblendeführender Quarzglimmergneis,
  Muscovit-Sillimanitfels,
  Granit,
  Quarzeinkristalle – Kappenquarze.
- Gerölle unsicherer Zuordnung:
  Graubrauner Fein- bis Mittelsandstein,
  schwach feldspatführender Feinsandstein,
  roter glimmerführender Feinsandstein,
  schwach glimmer- und feldspatführender Feinsandstein,
  glimmerführender Feinsandstein,
  schwach glimmerführender hämatitimprägnierter Feinsandstein,
  Chalzedongerölle,
  laminierte feinkörnige Hornsteine,
  massige Hornsteine,
  fossilfreie feinkörnige Kalke,
  rekristallisierte Kalkgerölle,
  Dolomitgerölle,
  Tonsteingerölle,

Kalziteinkristalle.
(Bei einem Teil dieser Gerölle ist kalkalpiner Ursprung zu vermuten, auch wenn er sich nicht sicher beweisen läßt.)
– Höhleninterne Resedimente.

Die Matrix der Höhlensedimente ist karbonatisch-mikritisch, an manchen Stellen ist eine schwach ausgeprägte Sammelkristallisation festzustellen.
Gerölle, wie sie von TRAUB (1948), HAGN (1971, 1972, 1983) und HAGN u. MOUSSAVIAN (1980) aus voralpinen Schottern beschrieben werden, konnten in den Höhlensedimenten nicht nachgewiesen werden.
Dagegen sind die Befunde aus den Höhlensedimenten in Bezug auf die Augensteine (insbesondere die Quarzgerölle) sehr gut mit Untersuchungen aus der Molasse zu vergleichen (s. LEMCKE 1984). Bemerkenswert ist das Auftreten verschiedener Sandsteine, die vergleichbar oder ähnlich erscheinen wie die von FÜCHTBAUER (1967) aus der Molasse beschriebenen.
Eine quantitative Auswertung der verfestigten Höhlensedimente mittels der Point-counter-Methode an ausgewählten Proben ergab, daß in den Sedimenten in Abhängigkeit vom jeweiligen Höhlenniveau charakteristische Vergesellschaftungen auftreten. So fällt auf, daß Quarzeinkristalle, polykristalline Quarze, Opake, Hornsteine und Sandsteine mit Werten um 20% in den Sedimenten des höchsten

In manchen Geröllen verdrängt das Karbonat (bunt) den Quarz. Polarisiertes Licht, Vergrößerung ca. 150 x.

Niveaus erscheinen, dann aber bis auf 1% in den Sedimenten des tiefsten Niveaus zurückgehen. Gleichzeitig steigt der Anteil an Dachsteinkalken auf bis zu 90%. Der Gehalt an Resedimenten beträgt ca. 10%, im Scheukofen erreichen die Umlagerungen um 40%. Der Anteil der Matrix schwankt um 20 – 40%.

Die verfestigten Höhlensedimente wurden auch hinsichtlich ihres Schwermineralspektrums untersucht. Quantitativ ausgewertet wurden die Minerale Opake, Staurolith, Epidot, Hornblende, Apatit, Granat und Glimmer sowie Zirkon, Rutil und Turmalin. Dieses Spektrum deckt sich sehr gut mit den von FÜCHTBAUER (1967) in den Sandsteinen der Molasse gemachten Beobachtungen. Zusätzlich wurde Dolomit im Schwermineralspektrum belassen, da, wie Voruntersuchungen ergaben, der Anteil an Dolomit mit der Beeinflußung der Sedimente durch lokal anstehenden Dachsteinkalk korreliert. Bei der Auswertung wurde festgestellt, daß wiederum jedes Höhlenniveau durch ein typisches Schwermineralspektrum gekennzeichnet ist. So sind Opake im höchsten Niveau nie unter 30% vertreten und Apatit und Granat erzielen Werte um 20%. Der Anteil an Dolomit ist nur sehr gering.

In den Sedimenten des nächst tieferen Niveaus gehen die Werte von Apatit und Granat zurück, der Anteil an Dolomit steigt leicht.

Die Verzweigungshalle in der Salzgrabenhöhle.

Diese Tendenz setzt sich in den Sedimenten des nächst tieferen Niveaus fort, wo auch Staurolith, Epidot, Hornblende und Glimmer auf ihr Minimum absinken.
In dem tiefsten Niveau dominiert der Dolomit, einzelne Minerale steigen wieder leicht an, was mit geringfügigen Umlagerungen dieses Korngrößenbereiches (0,063 – 0,2 mm) innerhalb der Höhlenniveaus zu erklären sein dürfte.
Zusammenfassend bleibt somit festzuhalten, daß die Höhenlage der Höhlen im Berchtesgadener Land nicht zufällig ist und daß in jedem Niveau charakteristische Lockersedimente und Konglomerate auftreten, die sich voneinander mit verschiedenen sedimentpetrographischen Methoden sicher unterscheiden lassen.

Die Oberflächenformen von Steinernem Meer und Hagengebirge

Beiden Gebirgsstöcken gemeinsam ist der ausgeprägte Plateaucharakter mit steilen Süd- und Osträndern. Mit annähernd 2000 Metern Höhenunterschied fällt das Steinerne Meer gegen Süden zum Salzachtal ab, am Hagengebirgsostrand sind die Höhenunterschiede geringer, betragen aber immer noch 1300 – 1500 Meter. Am Südrand des Steinernen Meeres begrenzt eine Bergkette das Plateau

Verstreut finden sich bunte Schwermineraleinschlüsse (Zirkone). Polarisiertes Licht, Vergrößerung ca. 150 x.

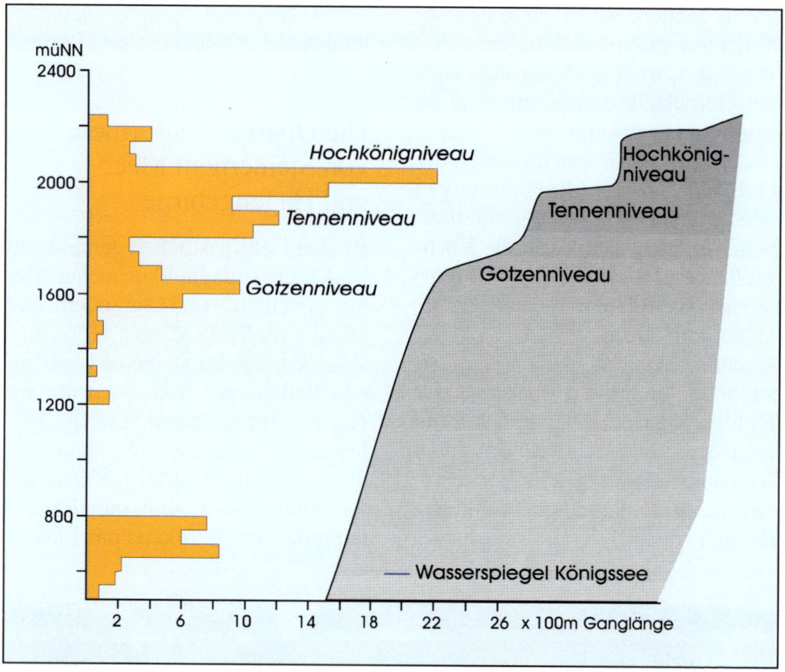

Angabe der Höhenlage der bekannten Gangstrecken nach dem Salzburger Höhlenbuch Bd. 3 (ohne Tantalhöhle).

Höhenlage der Höhlenniveaus und Verebnungsflächen im Steinernen Meer.

gegen die Südabstürze. Die aufgesetzten Berge überragen die eigentliche Plateaufläche um etwa 200 – 300 Meter. Vom Hundstod im Westen zieht sie über das Hollermaißhorn, Achselhorn, Breithorn und Schönfeldspitze bis zum Selbhorn und Brandhorn im Osten, wo sich die Kette gabelt und ein Ausläufer zum Hochkönig, der andere nach Norden zum Hagengebirge führt. Das daran nördlich anschließende Plateau ist flach nach Norden geneigt, bis es dann an mehreren Störungen versetzt gegen den Königssee abbricht. Einige wenige flache, kuppenartige Berge sind aufgesetzt, wie etwa das Rotwandl oder der Brandtenberg.

Das Hagengebirge gliedert sich in zwei morphologisch völlig verschiedene Bereiche. Im Gebiet zwischen Königssee und Landtal herrscht treppenartiges Abbrechen des Zentralplateaus gegen Westen vor, während östlich anschließend die eigentliche Hochfläche folgt, die im Westen, Sü-

den und Osten ebenfalls durch Bergketten begrenzt wird. Der Westrand zieht sich vom Schneibstein über Reinersberg und Kahlersberg bis in das Gebiet Jägerbrunntrog – Teufelshorn und biegt dann nach Osten um. Tantalköpfe, Hochgschirr und Rifflkopf überragen das Plateau im Süden, ein Kamm vom Rifflkopf und Tristkopf bildet die östliche Einfassung des Plateaus, das gegen Norden über das Gebiet der Schlum und die Seealmen offen ist.
Diese morphologischen Verhältnisse werden zum einen als entstanden durch die tektonische Zerteilung einer Altlandschaft („Raxlandschaft") interpretiert, zum anderen als mehrphasiges Geschehen, das mit der in mehreren Phasen stattgefundenen Hebung des Alpenkörpers und dem dadurch bedingten Einschneiden von Flüssen verbunden ist.

Dabei werden die heutigen Oberflächenformen untergliedert in:

Hochkönigniveau: Kuppen mit flachen Gipfelhauben, Höhenlage Hagengebirge um 2200 m, Steinernes Meer um 2600 m

Tennenniveau: Plateauflächen, Höhenlage Hagengebirge 2000 m, St. Meer 2300 m

Gotzenniveau: greift fingerförmig in die Plateauflächen ein, Höhenlage Hagengebirge 1700 – 1800 m, Steinernes Meer 1900 m.

Diese Flächenausbildungen sind oligozänen und miozänen Alters. Pliozäne und pleistozäne Flächenausbildungen an den Randbereichen der Gebirge leiten in das Quartär über. Ähnliche Verhältnisse lassen sich vom Untersberg über die beiden erwähnten Gebirgsstöcke bis in das Gebiet der Tauern verfolgen; es entsteht so der Eindruck weit gespannter Altflächen.

Höhlen und Landschaftsentwicklung

Es lassen sich nun über den Weg Analyse von Höhlensedimenten, Speläomorphologie, Verbreitung der Gangstrecken und Karsthydrographie Schlüsse auf die Landschaftsentwicklung ziehen.
Dafür sind in den Berchtesgadener Alpen mehrere wichtige Vorraussetzungen gegeben: die verkarstungsfähigen Gesteine sind ausreichend mächtig (über 1000 m) und sie reichen im Norden bis unter das Vorflutniveau.
Schon seit dem letzten Jahrhundert ist die Landschaftsentwicklung der Salzburger und Berchtesgadener Kalkalpen Gegenstand wissenschaftlicher Forschung (PENCK 1885). Durch die grundlegenden Arbeiten von SEEFELDNER (1926, 1933, 1934) und LICHTENECKER (1926, 1938) wurden zwei gegensätzliche Theorien zur tertiären Landschaftsentwicklung begründet, die bis heute in der Literatur diskutiert werden (stellvertretend: RATHJENS 1939, GANSS 1939, WINKLER v. HERMADEN 1950, SEEFELDNER 1952 u. 1961, GOLDBERGER 1955, TOLLMANN 1968,

GRAF 1978 u.v.m.). Gemeinsam ist beiden das Forschungsobjekt ihrer Studien: Verebnungsflächen, die in verschiedenen Höhenlagen in den Salzburger und Berchtesgadener Kalkalpen auftreten. Deren Genese wird jedoch völlig widersprüchlich erklärt. So sind sie nach SEEFELDNER das Produkt mehrerer Erosionszyklen, die Geländestufen zwischen den Verebnungen werden als Erosionsränder gedeutet. Dagegen steht die Auffassung von LICHTENECKER, der die verschiedenen Flächen in den unterschiedlichen Höhenlagen als das Ergebnis von tektonischen Verstellungen einer Altlandschaft interpretiert. Die Geländestufen werden als tektonische Bruchstufen aufgefaßt. Zwar hat sich in den letzten Jahren mehr und mehr das Konzept der mehrphasigen Landschaftsentwicklung im Sinne SEEFELDNERS durchgesetzt, doch konnten dafür keine schlüssigen geologischen Beweise angeführt werden (TOLLMANN 1968). Treffen die Vorstellungen von LICHTENECKER zu, hätten die tektonischen Verstellungen auch die Höhlensysteme erfassen müssen. Die verschiedenen heutigen Höhlenniveaus wären aus einem Niveau hervorgegangen. Dem widersprechen aber die Befunde der speläomorphologischen Aufnahmen ebenso wie die Ergebnisse aus der Analyse der Höhlensedimente. Es hätten nach der Theorie LICHTENECKERS in den verschiedenen Ni-

Der Brillengang in der Salzgrabenhöhle.

Ältere Sinterbildungen in der Umgebung von Höhlen. Steinernes Meer.

veaus gleiche oder zumindest ähnliche Sedimente aufzufinden sein müssen.

Hingegen sind die Ergebnisse aus den Analysen der Höhlen und der Höhlensedimente zwanglos mit der Theorie SEEFELDNERS, der mehrphasigen Landschaftsentwicklung, in Einklang zu bringen (schon von KRIEG 1954 angesprochen). Die Höhlensedimente spiegeln das Transportgeschehen von Erosionsmaterial an der Landschaftsoberfläche wider, dies umsomehr, wenn man die Verbindung Zentralalpen – Molassemeer betrachtet. Natürlich kann nicht jede kleinräumige morphologische Besonderheit in dieses Konzept gezwängt werden, tektonische Bewegungen sind bis weit in das Tertiär hinein nachzuweisen (auch in Höhlen!). Dennoch dürfte nach diesen Ergebnissen der vorherrschende Mechanismus bei der tertiären Landformung im Sinne SEEFELDNERS vonstatten gegangen sein.

Die Auswirkungen der quartären Eiszeiten

Das heutige Landschaftsbild wurde erst während der quartären Eiszeiten geformt. Die Gletscher zerteilten die Bergketten und übertieften die Täler. Sie formten die Steilwände und schufen Kare. Ohne die Wirkungen des Eises wäre die Schönfeldspitze, die das Steinerne Meer überragt, eine flache Kuppe, Königssee- und Wimbachtal wären breite Hochtäler. Die Alpen hätten den Charakter einer flachwelligen Treppen- oder Stufenlandschaft, in die einzelne breite Täler eingesenkt wären. Nicht die gebirgsbildenden Prozesse formten das heutige Landschaftsbild, dies taten erst die Gletscher während der vergangenen Eiszeiten.

Der Berchtesgadener Talkessel mit dem Jenner im herbstlichen Nebel. Die Nebelobergrenze entspricht in etwa dem Höchststand des Eises des Königsseegletschers während der letzten Eiszeit.

Karst

Durch seine Feinkörnigkeit und Reinheit sind im Dachsteinkalk, wie auch im Wettersteinkalk und anderen Karbonaten, die Voraussetzungen dafür gegeben, daß sich sowohl oberirdische wie auch unterirdische Karsterscheinungen ausbilden können. Durch im Regenwasser und in der Bodenluft enthaltenes CO_2 wird der Kalk gelöst, an der Oberfläche entstehen Rinnen, Rillen und Karren. In der Tiefe kommt es zur Hohlraumbildung. Seit der letzten Eiszeit rechnet man mit einem flächenhaften Kalkabtrag von 10 – 12 cm. Dagegen dürften die Karstgroßformen vorwiegend während des Tertiärs entstanden sein. Poljen und Uvalas sind in die Plateaus eingesenkt, Dolinen treten vorwiegend entlang von Störungen auf, wo sie perlschnurartig aufgereiht erscheinen.

Ein Karsttisch aus dem Steinernen Meer. Der Block schützt seine Unterlage vor der Kalklösung. Aus der Höhe kann ermittelt werden, daß in 100 Jahren ein flächiger Kalkabtrag von 1 Millimeter stattfindet.

Selbst in steilen Bereichen findet Kalklösung statt.

Bei der Kalklösung können tiefe Karren entstehen.

An manchen Stellen bilden sich auch die auf anderen Formen aufsitzenden Firstkarren aus.

Kalk wird durch die im Niederschlag enthaltene Kohlensäure gelöst, es entstehen Karstlandschaften. Hagengebirge.

Trittkarren im Steinernen Meer.

Die geologische Geschichte des Berchtesgadener Landes – Eine kurze Zusammenfassung

Mit dem Zerbrechen des während des Paläozoikums entstandenen Großkontinentes Pangaea, in dem alle heutigen Kontinente vereint waren, beginnt die in Gesteinen überlieferte Geschichte des Berchtesgadener Landes. Von Osten dringt der Tethys-Ozean in diesen Großkontinent ein und trennt somit einen Nordkontinent von einem Südkontinent. Erste Meeresvorstöße in damals äquatornaher Lage führten zu Eindampfungen; das Haselgebirge mit seinen Salzlagerstätten wurde gebildet. Mit weiteren Meeresvorstößen von Osten breitete sich die Tethys nach Westen aus, dabei geriet das Gebiet des heutigen Berchtesgadener Land unter vollmarine Bedingungen. Dies ist mit den Werfener Schichten dokumentiert, die aber auch noch landnahe Einflüsse in ihren Sandsteinen erkennen lassen. Weiteres Auseinanderdriften der Kontinente und eine damit verbundene Ausdehnung des Meeres hatten Kalk- und Dolomitbildungen zur Folge (Gutensteiner Kalke bis Ramsaudolomit), die gleichfalls warme klimatische Bedingungen erkennen lassen, dagegen verschwinden terrestrische Einflüsse vollständig. So war der erste Karbonatentwicklungszyklus im Berchtesgadener Land abgeschlossen und es wird durch diese fortlaufende Entwicklung deutlich, daß die einzelnen Sedimentgesteine nicht durch scharfe lithologische Grenzen voneinander getrennt, sondern miteinander durch fließende Übergänge verbunden sind.

Einen Einschnitt in diese Entwicklung markieren die Raibler Schichten. Mit ihren Sandsteinen lassen sie nochmals eine kurze terrigen beeinflußte Phase erkennen, die, ausgedrückt in der geringen Mächtigkeit, allerdings nur von kurzer Dauer war. Der Karnisch-Norische Dolomit führt nach dieser Unterbrechung zunächst die Fazies des Ramsaudolomites fort, um schließlich zu den lagunären Verhältnissen des Dachsteinkalkes mit einzelnen Riffen überzuleiten. Damit war die Sedimentation in der Trias beendet, die Entwicklung der über 1000 Meter mächtigen Karbonatplattformen in zwei Zyklen abgeschlossen.

Mit Beginn des Jura zerbrachen die großen Karbonatplattformen, was mit der Entstehung des penninischen Ozeans und der Öffnung des Atlantiks in Verbindung zu bringen ist. Die Ursache dafür waren plattentektonische Prozesse, die so zu einer diffe-

renzierten Absenkung einzelner Blöcke führten und damit sehr unterschiedliche Sedimentationsräume schufen. Es bildeten sich die Roten Liaskalke, Spalten rissen in den Dachsteinkalkbereichen auf und wurden wieder verfüllt. Weitere Absenkungen des Untergrundes führten im oberen Jura zur Bildung der Fleckenmergel und erreichten mit der Radiolaritsedimentation ihren Kulminationspunkt. Bedingt durch das dabei entstandene submarine Relief, kam es zur Ausbildung von Schuttströmen und Gleitschollen, wie sie in den Tauglbodenschichten überliefert sind.
Eine während der Kreide einsetzende Subduktion des Meeresbodens, hervorgerufen durch eine Norddrift Afrikas gegen Europa, war verantwortlich dafür, daß dessen südlichster Teil, das heutige Ostalpin, aufgestapelt und in Form von großen Decken nach Norden transportiert wurde.
Dabei wurden die heutigen Nördlichen Kalkalpen zusammen mit ihrer paläozoischen Unterlage (Oberostalpin, entspricht Nördliche Kalkalpen, Drauzug und Grauwackenzone) von ihrem kristallinen Untergrund abgeschert und kamen über das Mittelostalpin (Altkristallin der Ostal-pen und zentralalpines Mesozoikum) und Unterostalpin (u.a. Innsbrucker Quarzphyllit und Err-Bernina-Gruppe) zu liegen.
Während dieses Geschehens wurde auch die beherrschende tektonische Großstruktur im Berchtesgadener Raum angelegt: In einer vom Tirolikum gebildeten Großmulde (Südrand: Steinernes Meer, Watzmann und Hochkalter; Nordrand: Hochstaufen) liegen schüsselförmig die Hallstätter Zonen des Tiefjuvavikums und das Hochjuvavikum mit Reiteralm, Lattengebirge und Untersberg, wobei allerdings neuere Untersuchungen an der eigenständigen Stellung des Tiefjuvavikums als tektonische Einheit berechtigte Zweifel äußern.

Aus Untersuchungen der Gosauschichten, die eine Meeresüberflutung der schon aufeinander gestapelten kalkalpinen Decken in der Zeit Oberkreide bis Alttertiär dokumentieren, geht hervor, daß der nach Norden gerichtete Transport der Kalkalpen über die Tauern ebenfalls schon in der Kreide einsetzte. Durch Erosion und Hebung sind heute diese überfahrenen Bereiche des Penninikums im „Tauernfenster“ zu erkennen.
Eine Nordverlagerung der Subduktionszone im Alttertiär hatte zur Folge, daß das Oberostalpin auf die vorgelagerten Zonen des Flysches (Gesteine, die als Abtragungsprodukte während der Gebirgsbildung innerhalb des entstehenden Gebirges abgelagert wurden) und des Helvetikums (ehemals nördlich der Flyschzone gelegener Ablagerungsraum) aufgeschoben wurde.
Im weiteren überfuhren die Nördlichen Kalkalpen zusammen mit dem Flysch und dem Helvetikum einen Teil der nordalpinen Molasse (dem

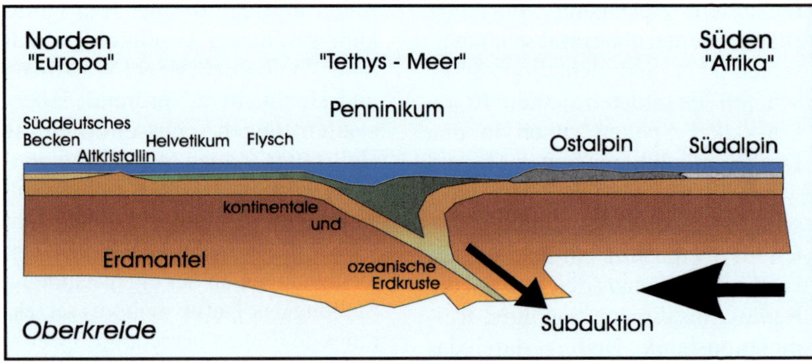

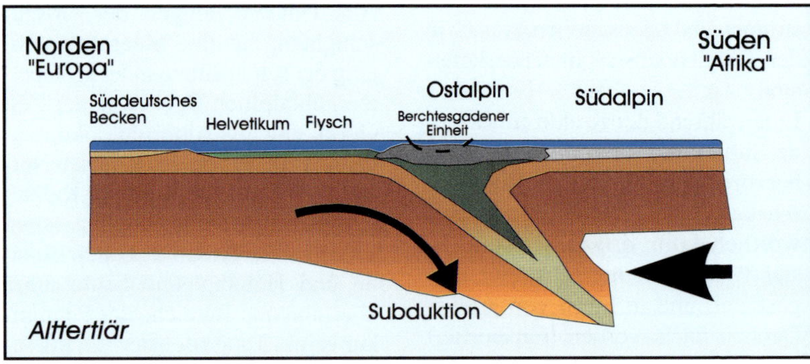

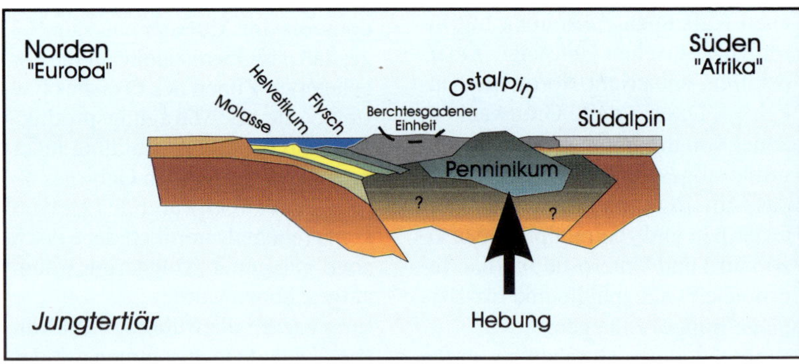

Vereinfachte und schematisierte Darstellung einzelner Phasen der Gebirgsbildung der Alpen.

Gebirge vorgelagerte Zone, die Erosionsprodukte aufnimmt).
Wickelt man diese ganzen Transport- und Aufeinanderstapelungsprozesse gedanklich noch einmal rückwärts ab, so gelangt man zu dem Schluß, daß die heutigen Nördlichen Kalkalpen das ehemals am weitesten im Süden gelegene Sedimentationsgebiet waren. Sie können daher mit Fug und Recht als ehemaliger nördlicher Schelfrand Afrikas bezeichnet werden, der noch während des Jura 1000 Kilometer von seiner heutigen Position entfernt im Süden lag.

Erst nach Abschluß dieser deckentektonischen Prozesse, die zum größten Teil submarin abliefen, setzt im Jungtertiär die Hebung des Gebirges ein. Das Land fiel trocken und die eigentliche Landschaftsentwicklung begann. Sie verlief in mehreren Hebungsphasen und ist durch Verebnungen in verschiedenen Höhenlagen dokumentiert. So konnten sich Flüsse immer tiefer in ein flachwelliges Relief einschneiden, was oftmals entlang tektonischer Vorzeichnungen erfolgte. Abgesehen von der ältesten, nur indirekt nachweisbaren sogenannten Augensteinlandschaft, wird (von oben nach unten) ein Hochkönigniveau, Tennenniveau und Gotzenniveau unterschieden, deren Reste im Hagengebirge und Steinernem Meer erhalten sind. Direkt damit verbunden war auch die Entstehung von Höhlen, die sich im Berchtesgadener Land in bestimmten, zur Oberflächenentwicklung korrelierbaren Höhenlagen häufen. Darunter folgen weitere unterscheidbare Talentwicklungsniveaus, die auf die tieferen Talbereiche beschränkt sind. Erst im Anschluß daran formten in den letzten zwei Millionen Jahren während der verschiedenen Eiszeiten Gletscher das heutige Landschaftsbild. Einzelne Berge wurden herauspräpariert, Kare entstanden und insbesondere die Täler wurden übertieft. Es entstanden so die Steilwände um den Königssee und auch die hängend endenden Seitentäler des Abwärtsgrabens oder Schrainbaches wurden durch zufließende Seitengletscher zum großen Königsseegletscher ausgeformt, der während der letzten Vereisung über 1000 Meter mächtig war.
Heute bestimmen verschiedene Formen des Abtrags und der Erosion das Geschehen. Verkarstung, Flüsse, Bergstürze, Schuttbildungen, Gleitungsvorgänge, Rutschungen und Muren werden, in geologischen Zeiträumen betrachtet, die Berge wieder abtragen.

Zeittabelle			Millionen Jahre	Gesteinsschichten	Fossilien
Quartär	Holozän		0	Bergstürze Talverfüllungen Moräne	
	Pleistozän		2	Interglazialer Nagelfluh Ramsauer Mühlstein	Höhlenbär
Tertiär	Jung-	Pliozän Miozän			
	Alt-	Oligozän Eozän Paläozän	65	Augensteine Schichten von Hallthurm und Eisenrichterstein	Muscheln, Schneck Mikroorganismen
Kreide	Ober-	Maastricht Campan Santon Coniac Turon Cenoman		Nierentaler Schichten Gosauschichten	Muscheln, Korallen Schnecken, Seeige
	Unter-	Alb Apt Barreme Hauterive Valangin Berrias	136	Roßfeldschichten Schrambachschichten	Ammoniten, Mikro-organismen
Jura	Malm	Tithon Kimmeridge Oxford		Oberalmer Schichten Tauglbodenschichten	Algen, Mikrorganism Radiolarien
	Dogger	Callovium Bathonium Bajocium Aalenium		Radiolarit Fleckenmergel Manganschiefer	Ammoniten, See-lilien, Mikrorganis-men
	Lias	Toarcium Pliensbachium Sinemurium Hettangium	190	Rotkalke / Liaskieselkalk Hornsteinknollenkalke	
Trias	Rhät			Dachsteinkalk / Hauptdolomit	Korallen, Schwämm
	Nor			Hallstätter Kalke	Algen, Muscheln,
	Karn			Karnisch-Norischer Dolomit	Brachiopoden, Mikr
	Karn			Raibler Schichten	organismen
	Ladin			Ramsaudolomit / Wettersteinkalk	
	Anis			Reichenhaller Kalke und Dolomite	
	Skyth		225	Werfener Schichten	Wurmbauten, Musche
Oberperm				Haselgebirge	

Tabellarische Zusammenstellung.

Ereignisse	Örtlichkeiten	Wirtschaftl. Bedeutung
Abtragung und Hebung	Wimbachtal, Klaus- bachtal, Zauberwald	
Eiszeiten	U-Tal Schrainbach Königsseetal	Baustein, Kies Mühlstein
Landschaftsent- wicklung und Hebung	Gotzenalm, Laafelder Kahlersberg	
2. Phase der Gebirgsbildung	Paß Hallthurm Untersberg	
1. Phase der Gebirgsbildung	Hohe Roßfelder	Untersberger Marmor Baustein
zunehmende starke Absenkung	Büchsenalm Jennergebiet	Almböden Bergbau Baustein
2. Kalkent- wicklungs- zyklus	Hagengebirge, St. Meer, Watzmann, Hochkalter	Zuschlag für Stein- und Erdenindustrie
1. Kalkent- wicklungs- zyklus	Wimbachtal Ramsau, Torrener- Joch-Zone	Wasserversorgung Kies Weidefläche
	Stangenwald	Salzgewinnung

Eingebettet zwischen Hagengebirge, Steinernem Meer und Watzmann erstreckt sich der Königssee.

Geologie ausgewählter Gebiete

Steinernes Meer	Reiteralm
Jenner, Gotzenalm und Hagengebirge	Königssee und St. Bartholomä
Hoher Göll und Hohes Brett	Wimbachtal
Watzmann	Ramsauer Tal, Gerstreit, Toter Mann
Hochkalter	Ramsau
Untersberg mit Almbachklamm und Schellenberger Eishöhle	Zauberwald, Hintersee und Klausbachtal
	Roßfeld

Steinernes Meer

Das Steinerne Meer im Süden des Königssees ist der größte Gebirgsstock der Berchtesgadener Alpen. Im Westen grenzt das Steinerne Meer an Watzmann und Hochkalter, nach Süden fällt es steil gegen das Liegende der Grauwackenzone ab. Im Südosten ist es mit einem Übergang zum Hochkönig verbunden, ebenso in nordöstlicher Richtung zum Hagengebirge. Gegen Norden bricht die flach geneigte Hochfläche in mehreren Steilstufen zum Königssee ab.

Im geologischen Aufbau des Steinernen Meeres ist der Dachsteinkalk das bedeutendste Schichtglied. Zahlreiche Muscheln (Megalodonten) und andere Fossilien weisen auf die Entstehung in einer tropischen Lagune hin. Auch Loferite, die die einzelnen Kalkbänke voneinander trennen, sind oftmals anzutreffen, so kurz nach Verlassen des Schwemmkegels von St. Bartholomä am Anstieg zum Funtensee. Die Ausbisse der einzelnen Bänke des Dachsteinkalkes waren namensgebend, sie gleichen gefrorenen Wellen.

Kleinere Juravorkommen mit roten Kalken sind fleckenweise erhalten, sie durchziehen aber auch in großen Spalten die Hochflächen. Synsedimentäre jurassische Tektonik ist im Bereich des Ledererkars, an der

Stuhlwand und im Umfeld der Funtenseetauern nachzuweisen.
Die typische triadische Gesteinsabfolge, beginnend mit den Werfener Schichten bis zum Dachsteinkalk, ist an den Südrändern des Steinernen Meeres aufgeschlossen und kann bei einem der zahlreichen Anstiege von Süden her durchquert werden.
Bedingt durch diesen geologischen Aufbau, wird die gesamte Hochfläche des Steinernen Meeres unterirdisch entwässert. Es herrscht eine allgemeine Entwässerungsrichtung nach Norden vor, dennoch zeigen Quellen in den südlichen Randlagen auch noch eine ältere, nach Süden gerichtete Entwässerung an, die heute aber keine entscheidende Bedeutung mehr besitzt.

Das Gebirge zeigt einen ausgeprägten Plateaucharakter, randlich aufgesetzte Bergketten umschließen es in weiten Teilen. Diese Verhältnisse sind Ausdruck der tertiären Landschaftsentwicklung, die im Steinernen Meer beispielhaft erläutert werden kann. Von der ältesten Landoberfläche, der Augensteinlandschaft, sind nur noch zum Teil mehrfach umgelagerte Sedimente erhalten. Es sind dies die Augensteine, vornehmlich Quarze, Quarzite und Sandsteine, die sich zum Beispiel in der Umgebung des Ingolstädter Hauses oder der Schönfeldspitze finden.
Das Hochkönigniveau als nächst jüngeres ist in zerteilten Flächen um die Gipfelbereiche der Randketten erhalten. Es zieht vom Gjaidkopf im

Blick vom Kahlersberg über den Simetsberg und das Steinerne Meer. Deutlich ist die Ausbildung der Altlandschaften erkennbar.

Westen, über Schneiber, Hundstod, entlang der Südkette mit Hollermaißhorn, Achselhorn, Breithorn zur Schönfeldspitze, Selbhorn und Brandhorn im Südosten. Auch Flächen um die Funtenseetauern und das Rotwandl werden dazu gerechnet.

Darin eingesenkt liegen die Ausbildungen des Tennenniveaus. Sie bilden einen sehr großen Teil der zentralen Hochfläche des Steinernen Meeres um 2200 Meter Höhe. Daneben werden auch die Nordgipfel Viehkogel und Schottmalhorn mit dem Tennenniveau in Verbindung gebracht.

Das Gotzenniveau als nächst tiefere Ausbildung ist in Flächen um den Funtensee, Baumgartl und Glunkerer sowie in Ausläufern um die Schönbichlalm und westlich des Viehkogels erhalten.

Unter diesen erwähnten Niveaus sind noch mehrere andere auszuscheiden, sie sind aber im zentralen Steinernen Meer nicht ausgebildet und spielen auch an den Rändern nur eine untergeordnete Rolle.

Diese ganzen Flächenausbildungen sind in Folge der phasenweisen Hebung des Gebirgsstockes entstanden: Flüsse konnten sich immer tiefer einschneiden. Damit war auch ein phasenweises Tieferlegen des Karstwasserspiegels verbunden, so daß sich zahlreiche Höhlen entwickeln konnten, die jeweils mit bestimmten Landschaftsentwicklungsniveaus an der Oberfläche in Bezug zu setzen sind. In der Nordabdachung des Steinernen Meeres am Simetsberg, liegt mit derzeit ca. 9 Kilometern erforschter Ganglänge eine der längsten Höhlen Deutschlands.

Erst nach dieser tertiären Landschaftsentwicklung formten die Gletscher das heutige Landschaftsbild. Sie zerteilten die Randketten in einzelne Gipfel und durch Karbildungen wurden aus ehemals flachen Kuppen steile Bergspitzen herauspräpariert. Als Beispiel hierfür mag die Schönfeldspitze dienen, die von Berchtesgaden aus gesehen den Königssee überragt. Gleichzeitig formten die Gletscher auch Talbereiche um, sie übertieften das Königsseetal und das hängend endende und trogförmige Tal des Schrainbaches wurde durch einen Seitengletscher des großen Königsseegletschers ausgestaltet. Heute ist die Verkarstung der formbildende Prozeß in diesem Gebiet. Zahlreiche verschiedene Karrenformen bestimmen die Kleinmorphologie im Steinernen Meer, daneben treten Karstgassen und Dolinen auf. Karstgroßformen wie Uvalas sind im nördlichen Bereich des Steinernen Meeres anzutreffen. Als Kleinformen des Karstes besonders erwähnenswert sind einige Karsttische in der Umgebung des Rotwandls. Dabei bleibt, geschützt durch einen auflagernden Block, ein kleiner Bereich von der flächenhaften Kalklösung verschont. Aus dem Differenzbetrag zu der weiteren Umgebung läßt sich so das Ausmaß der Kalklösung seit der letzten Eiszeit bestimmen. Ungefähr 10 Zentimeter beträgt der Unterschied, was einer

Kalklösung von 1 Millimeter pro 100 Jahren entspricht.

Das Uvala des Funtensees liegt südlich des Simetsberges in etwa 1600 Meter Höhe.
Auch dort ist der Dachsteinkalk das vorherrschende Gestein. Durch sein Einfallen (südlich des Sees nach Norden, nördlich des Funtensees nach Süden) wird eine Mulde erkennbar, die Ost-West streicht. Das Vorkommen von Werfener Schichten, Reichenhaller Schichten und Ramsaudolomit in dieser tirolischen Mulde kann mit der Überschiebung der Berchtesgadener Einheit in Zusammenhang gebracht werden, diese Gesteine sind dann als hängengebliebene Reste des Juvavikums anzusprechen. Auf dem tirolischen Dachsteinkalk sind verstreut Vorkommen von Juragesteinen zu bemerken, quartäre Lockersedimente überdecken diese Strukturen, pleistozäne Moränen sowie postglaziale Terrassen (südlich des Sees) stellen dabei einen erheblichen Anteil.
Das Vorkommen von Seetonen ist eine der Besonderheiten des Funtenseegebietes. Es handelt sich dabei um ein sandig-tonig-siltiges Lockergestein, das von sehr heller Farbe ist. Aufschlüsse finden sich z. B. entlang des Weges von Bartholomä zum Funtensee zwischen dem Abzweig zum Grünsee und dem Funtensee. Die Seetone werden für die Abdichtung des ansonsten voll verkarsteten Gebietes verantwortlich gemacht. Die Höhenlage der Seetone nordwestlich des Funtensees korreliert mit den Terrassenbildungen südöstlich des Sees, was auf eine ehemals größere Ausdehnung des Sees hinweist. Torfbildungen sind im Verbreitungsgebiet der Seetone nicht selten anzutreffen, ebenfalls kleinere Moorbildungen.
Wasserzuflüsse zum Funtensee bestehen aus Südosten durch den Stuhlgraben und den Rennergraben. Möglicherweise entwässert auch das Gebiet westlich und südlich des Sees in den Funtensee. Der Abfluß des Sees erfolgt durch die Teufelsmühle. Tektonische Anlagen und vorherrschende Kluftrichtungen im Dachsteinkalk legen einen Zusammenhang mit den Gerinnen der Salzgrabenhöhle im Simetsberg und den Quellen des Grünseebrunnens und Schradelloches am Königssee nahe, was allerdings noch nicht durch geeignete Versuche nachgewiesen ist.

Interessante Ergebnisse erbrachte eine Bohrung im Funtensee, bei der ein rund 8,5 Meter langer Kern gewonnen wurde. Die Bohrung wurde ausgangs des Winters vom Eis aus niedergebracht. In dem Bohrkern selbst ist die Geschichte dieses Gebietes in den letzten 10 000 Jahren dokumentiert, Pollen und Fliegenlarven ermöglichen dabei eine genauere Analyse. Die untersten 6 Meter des Kerns wurden in etwa 1000 Jahren nach dem Abschmelzen der letzten Vereisung abgelagert, eine lockere Tundrenvegetation kennzeichnete die Vegetationsverhältnisse. Die nächsten ca. 1,8 Meter Kern entsprechen den darauffolgenden 8000 Jahren. Wald konnte sich ausbreiten und es fand somit auch eine Befestigung und Stabilisierung des Bodens statt. Die letzten 0,7 Meter Bohrkern enthalten die Ablagerungen aus den letzten 1000 Jahren. Eine Verschlechterung der klimatischen Verhältnisse im Mittelalter und der Einfluß des Menschen durch die Weidewirtschaft führten zu einer Absenkung der Waldgrenze, was deutlich im Bereich der verfallenen Feldalmen nachzuvollziehen ist. Es läßt sich so sehr gut ableiten, welch wichtigen Faktor die Vegetation in der Steuerung des Abtrags- und Erosionsgeschehens einnimmt. Aber auch die Einflüsse des Menschen sind unverkennbar. So gewinnen die Ergebnisse aus diesem Bohrkern eine geradezu aktuelle Bedeutung, wenn man die zunehmend ablaufenden Abtrags- und Erosionsprozesse im Bergland unter Berücksichtigung des sich verschlechternden Zustandes des Waldes interpretiert.

Jenner, Gotzenalm und Hagengebirge

Der Jenner ist der beliebteste Ausflugsberg in den Berchtesgadener Alpen. Dies hat er vor allem der Erschließung durch eine Seilbahn zu verdanken, die ganzjährig in Betrieb ist. Zwar ist er nicht einer der höchsten Berge des Berchtesgadener Landes, bietet dafür aber eine hervorragende Aussicht auf den Berchtesgadener Talraum, Untersberg, Watzmann, Steinernes Meer, den

Der Funtensee im Steinernen Meer.

Westrand des Hagengebirges und den Königssee. Gleichzeitig ist er Ausgangspunkt zahlreicher Touren und Wanderungen im östlichen Teil des Nationalparks Berchtesgaden. Bei guter Sicht erschließt sich der Blick auf die tektonischen Verhältnisse des Berchtesgadener Talkessels und seiner Umrahmung. Im Süden liegt das Steinerne Meer, daran anschließend der Watzmann, hinter dem Watzmann ist der Hochkalter zu erkennen. Diese Massive bilden den Südrand der großen Mulde des Tirolikums, die nach Norden unter die Berchtesgadener Einheit abtaucht, was gut an den Dachsteinkalkbänken des Watzmanns zu erkennen ist. In dieser Mulde liegt die Berchtesgadener Einheit mit Reiteralm, Lattengebirge und Untersberg. Gegen Nordwesten, als entfernteste Bergkette am Horizont, taucht das Tirolikum mit dem Hochstaufen bei Bad Reichenhall wieder auf.

Direkt südwestlich unterhalb des Jenners liegt die Königsbachalm und die Büchsenalm. Auffallend in der sonstigen Umgebung ist die hügelige Morphologie der Büchsenalm, dafür verantwortlich sind die Tauglbodenschichten, wo hausgroße Dachsteinkalkblöcke anstehen, die in das oberjurassische Radiolaritmeer eingeglitten sind. Diese formen die ansonsten im weiten Umfeld einzigartige Kleinräumigkeit. Dahinter fällt der Blick auf den Königssee und den Schwemmfächer von St. Bartholomä. Direkt an den Jenner in östlicher Richtung und südlich der Büchsenalm anschließend, folgt die Torrener-Joch-Zone. Diese Talfurche, die sich vom Bluntautal über das Torrener Joch zur Bootsanlegestelle Kessel am Königssee und weiter zwischen den Hachelwänden und dem Watzmann hinzieht, ist eine der markantesten Störungszonen des Berchtesgadener Landes. Die gesamte Schichtenfolge triadischer Gesteine ist in meist steilstehender Lagerung aufgeschlossen, dazu kommen komplizierte tektonische Schuppungen und Ausquetschungen. Nach Süden schließt sich daran der Hagengebirgswestrand an, der in verschiedenen Stufen gegen den Königssee abbricht. Bei jeder dieser Treppen wird die Steilwand von Dachsteinkalk gebildet, darüber folgen Gesteine des Jura: Rote Liaskalke, Fleckenmergel und Radiolarit. Sie wirken als Wasserstauer und ermöglichen infolge ihrer Verwitterungseigenschaften tiefergründige Böden und bilden so am Hagengebirgswestrand die Grundlage der Almwirtschaft. Überragt werden die almwirtschaftlich genutzten Bereiche von der westlichen Randkette des Hagengebirges, die sich über Schneibstein und Kahlersberg gegen Süden zieht. Erst daran nach Osten anschließend folgt das zentrale Plateau des Hagengebirges. In diesen Verhältnissen drückt sich wieder die tertiäre Landschaftsentwicklung aus, die am Beispiel des Steinernen Meeres ausführlicher dargestellt ist. Von der Verebnung der Gotzenalm, die auch vom Jenner aus sehr gut zu erkennen ist, leitet sich der Name Gotzenniveau für eine der Phasen der tertiären Landschaftsentwicklung ab.

An der Fahrstraße zur Gotzenalm ist im oberen Bereich das ganze Juraprofil aufgeschlossen. Von Rotkalken (letzte Kehre vor der Alm) über Fleckenmergel mit sehr schönen synsedimentären Internstrukturen und Radiolarit bis zu neritischen Kalken (kurz vor der Hochfläche) ist die ganze Abfolge beispielhaft angeschnitten.
Der gesamte Westrand des Hagengebirges wird morphologisch von glazialen Formen dominiert. Zahlreiche Kare finden sich an den einzelnen Bergen und Täler wurden trogförmig ausgestaltet. Eindrucksvoll sind der Stier- und Abwärtsgraben sowie das Kitzkar. Etwa unterhalb der 1460 Meter Höhenlinie lagern Moränen in Form von Deckschichten dem Gebirge auf. Auf der Priesbergalm ist der ehemalige Eishöchststand deutlich zu erkennen. Von der Enzianbrennhütte auf die Almfläche kommend, liegen rechter Hand metergroße Dachsteinkalkblöcke verstreut, während linker Hand die Blöcke sich nur einige Meter in die Almfläche hinein erstrecken. Darüber, gegen den schmalen Waldstreifen und weiter bergwärts folgen blockfreie Almwiesen. Der Weg über die Priesbergalm markiert so den Eishöchststand der letzten Vergletscherung. Bis zum Grund des Königssees sind es von dort etwa 1050 Höhenmeter, was der Mächtig-

Der Hagengebirgswestrand mit seinen Abbrüchen gegen den Königssee.

keit des Gletschers an dieser Stelle entspricht, der das ganze heutige Königsseetal mit Eis ausfüllte und auch die jenseits des Königsseetales liegenden Flächen der Kühroint überdeckte.

Eine oberflächliche Entwässerung des Hagengebirges findet nur in Teilbereichen des Westrandes statt und ist meist an Störungszonen gebunden. So fließt der Königsbach in den höher gelegenen Bereichen der Torrener-Joch-Zone; im tieferen Teil entspringt der Kesselbach. Ebenso folgt der Bach des Abwärtsgrabens tektonisch vorgezeichneten Linien. Das Hauptplateau des Hagengebirges wird vornehmlich gegen Nordosten entwässert. Die Quelle am Ofenauer Berg, die Schwarze Torren und der Bluntaufall seien stellvertretend genannt.
Knapp unterhalb der Priesbergalm liegt das Priesberger Moos. Es ist ein Hochmoor, das durch Endmoränenwälle, die Rückzugsstadien eines kleineren Seitengletschers markieren, aufgestaut wird. Über dem Moos erhebt sich die Mooswand, frische Ausbruchstellen zeigen einen kleineren Bergsturz in jüngster Vergangenheit an, seine Blöcke liegen unbewachsen am Ostrand des Mooses.

Die tektonischen Verhältnisse am Hagengebirgswestrand

Das Hagengebirge gehört zum überwiegenden Teil dem Tirolikum an, das das tiefste Stockwerk der Berchtesgadener Alpen darstellt. Überlagert wird es von Tief- und Hochjuvavikum; diese juvavischen Decken greifen am Abfluß des Königssees sowie im Bereich des Brandkopfes in das Hagengebirge.
Im folgenden werden aufgrund der sehr heterogenen tektonischen Verhältnisse am Hagengebirgswestrand einzelne Bereiche vorgestellt, die sich in ihren Lagerungsverhältnissen deutlich voneinander unterscheiden.

Jenner

Die Ausbildung der Gesteine am Jenner (Karnisch-Norischer Dolomit und Dachsteinkalk) läßt auf einen morphologisch stark gegliederten und unter ständiger Wasserbedeckung gelegenen Ablagerungsraum schließen, der sich zum jüngeren hin vertiefte. Er lag in einem Übergangsbereich zur Hallstätter Fazies, die kanalartig in die Dachsteinkalkplattformen eingriff (s. Torrener-Joch-Zone). Am Rand der Dachsteinkalkplattform dürften erste größere Störungen wohl schon im Rhät aufgetreten sein, endgültig zerbrach die Plattform dann an der Wende Trias/Jura. Damit war auch eine Kippung einzelner Schollen verbunden. Im höheren Lias verstärkte sich die Absenkung in einzelnen Bereichen, so daß Instabilitäten in Olistholithbildungen ihren Ausgleich fanden, die in die kieselige Fleckenmergelfazies einglitten. Für den Jenner ist ein solcher Prozess etwa im Gebiet Torrener-Joch/Hoher Göll anzunehmen; erst im Tertiär wurde er dann aufgrund von Einengungvorgängen verbunden mit einer Steilstellung in seine heutige Lage ausgepreßt (nach SCHANG 1983).

Mit dieser Modellvorstellung lassen sich sowohl die Lagerungsverhältnisse – Dachsteinkalke und Jurasedimente bilden das Liegende des Jenners, Hallstätter Kalke sind eingeschuppt – wie auch die faziellen Befunde, insbesondere den Dachsteinkalk betreffend, am Jenner erklären.

Weitere Hinweise auf synsedimentäre Prozesse finden sich in der näheren Umgebung des Jenners im Krautkasergraben, wo Gleitfalten, Gleitschollen und brekziöse und konglomeratische Einschaltungen, die teilweise als Rutschmassen ausgebildet sind, aufgeschlossen sind.

Brandkopf

Am Brandkopf und in der Schwöb liegen diskordant Haselgebirge und Ramsaudolomit auf Juraablagerungen. Diese Verhältnisse sind mit dem Eingleiten der juvavischen Schubmassen in Verbindung zu bringen: die am Brandkopf aufzufindenden Gesteine werden als bei den Eingleitungsvorgängen hängengebliebene Reste der juvavischen Decken interpretiert.

Torrener-Joch-Zone

Die Torrener-Joch-Zone streicht in südwestlicher-nordöstlicher Richtung südlich des Jenners. Sie ist gegen den übrigen Hagengebirgswestrand mit Störungen begrenzt, die in der Regel diesem Streichen folgen. Die in der Störungszone aufgeschlossenen Gesteine folgen ebenfalls im wesentlichen dieser Richtung.

Lange Zeit wurde die Torrener-Joch-Zone in der Literatur konträr diskutiert, so zum einen als Rest einer juvavischen Decke oder gar als deren Wurzelzone beziehungsweise als autochthones Element des Tirolikums, wo aufgrund besonderer tektonischer Verhältnisse vor allem die Gesteine der unteren und mittleren Trias aufgeschlossen sind. Neuere Untersuchungen, insbesondere fazieller Art (ZANKL 1962, SCHLAGER 1967), bestätigten die zuletzt genannte Auffassung, die durch die Arbeiten von LANGENSCHEIDT (1981), SCHANG (1983) und MOUSSAVI (1985) weiter bekräftigt wurde.

Der Hagengebirgswestrand südlich der Torrener-Joch-Zone

Synsedimentäre Tektonik an der Rotspielscheibe, Fagstein und auf den Laafeldern.

In der Rotspiel-Nordwand ist ein mehrmaliger Wechsel von Rotkalksedimenten mit Dachsteinkalk zu beobachten. Dieser wird von HAHN (1985) als Folge mehrerer Olistholithbewegungen gedeutet (synsedimentäre Rutsch- oder Gleitbewegungen größerer Blöcke oder Gesteinspartien).

Ausgehend von dem Zerbrechen der triadischen Karbonatplattform zu Beginn des Lias (stärkere Spaltenbildungen ab Hettangium) und der zunehmenden differentiellen Absenkung der so entstandenen Blöcke im Sinemurium und Unter-Pliensbachium ist im oberen Pliensbachium ein Relief erreicht, dessen Instabilität im Gebiet westlich des Windschartenkopfes durch Olistholith-Ereignisse ausgeglichen wurde.
Den Einsatz gibt dabei das Abbrechen und Eingleiten des Fagsteins in die tieferen, nordwestlichen Gebiete an der Wende Pliensbachium/Toarcium (LANGENSCHEIDT 1981). Währenddessen setzt sich die normale Sedimentation nördlich davon bis in das Untertoarcium fort, wie sich mit Hilfe der Leitfossildatierungen in den Rotkalkfolgen am Rotspiel nachweisen läßt. Erst an der Grenze Unter-/Obertoarcium beginnt die Abscherung und Gleitung kleinerer Olistholithe an den hochgelegenen Blockrändern, wodurch es in einer Art Kettenreaktion zur Ablösung immer größerer Partien nun auch in den tieferen Blöcken kommt.

Daß sich die Bewegung am Rotspiel nicht wie am Fagstein in Form eines großen Olistholithes abspielte, kann aus der Auffiederung der Landtal-Randstörungen westlich des Windschartenkopfes und der sich daraus ergebenden Zersplitterung der Plattform nördlich davon in viele Karbonatblöcke erklärt werden.

Parallel zum Königssee verläuft am Hagengebirgswestrand das Störungssystem des Landtales.

An der Rotspielscheibe zeigt das Fehlen der obertoarcischen Filamentkalke, die sonst in tieferen Meeresbereichen wie diesem abgelagert wurden, den Abschluß der Ereignisse zu dieser Zeit an (nach HAHN 1985).

Auf den Laafeldern und dort insbesondere in den Roten Wänden lassen sich ähnliche Gleitungs- und Rutschungsvorgänge feststellen, die zwar sehr komplexer Natur sind, insgesamt aber nicht die Ausmaße erreichen, wie sie z. B. am Fagstein festgestellt werden können.

Postsedimetäre Tektonik

Charakteristisch für den Hagengebirgswestrand sind Staffelbrüche, an denen das Plateau des Hagengebirges gegen den Königssee hin treppenartig abbricht. Dabei ist in aller Regel in jedem tektonisch umgrenzten Block eine Abfolge vom Dachsteinkalk bis in den Radiolarit erhalten, seltener oder nur in geringeren Mächtigkeiten können auch noch Tauglbodenschichten erscheinen (z. B. bei der Büchsenalm, am Farrnleiten, auf den Hohen Roßfeldern oder an der Gotzenalm). Diese Abbrüche werden gegen das zentrale Hagengebirge durch den Landtalgraben begrenzt, einer Störungslinie, die parallel dem Königsseegraben verläuft. Nördlich des Hochgschirrs ist eine Auffiederung der Landtalgrabenstörungen in mehrere Arme zu beobachten, die sich vom Reinersberg bis zum Schneibstein erstrecken.

Senkrecht zum Königssee verläuft das Störungssystem des Stiergrabens.

Senkrecht zur Königssee- und Landtalgrabenstörung erscheint ein Störungssystem, das nach dem Obersee benannt ist. Es tritt markant im Stiergraben und Abwärtsgraben auf. Zahlreiche kleinere Störungen folgen diesen beiden Hauptrichtungen.

Hoher Göll und Hohes Brett

Neben dem Watzmann bestimmen Hoher Göll samt seinen Vorbergen Hohes Brett, Dürreckberg und Kehlstein die Umrahmung des Berchtesgadener Talkessels. Mit seiner kammartigen Ausbildung setzt er sich deutlich von dem nach Süden folgenden Plateau des Hagengebirges ab. Reste tertiärer Landoberflächen sind zwar in kleinen Bereichen erhalten, bestimmen aber bei weitem nicht so das Landschaftsbild wie im Hagengebirge oder Steinernem Meer. Morphologisch dominierend sind glaziale Formen. Dies sind zum einen die übersteilten Wände, zum anderen eindrucksvolle Karbildungen. Besonders erwähnenswert ist in diesem Zusammenhang der Talschluß hinter der Scharitzkehlalm im Endstal, über dem sich die mächtige Göllwestwand erhebt. Das gesamte Göllmassiv ist voll verkarstet, die Entwässerung erfolgt im wesentlichen zum Gollinger Wasserfall nach Osten. Die Quellen auf bayerischem Gebiet sind dagegen nur von untergeordneter Bedeutung.

Der Hohe Göll und das Hohe Brett sind in ihren höheren Bereichen aus über 1000 Meter mächtigem Dachsteinriffkalk aufgebaut. Stratigraphisch ist das Gestein zum überwiegenden Teil in das Nor einzustufen, erstreckt sich aber mit geringeren Mächtigkeiten bis in das höhere Rhät. Das gesamte Massiv läßt sich faziell in mehrere Bereiche gliedern:

- **Vorriffbereich:** Riffbildende Organismen in Lebensstellung fehlen, bestimmend ist Riffschuttmaterial, das oft in mehreren Meter großen Blöcken in feiner grauer oder roter Matrix schwimmt. Als Bildungszone wird ein durch Wellenschlag beeinflußter Flachwasserbereich angenommen, der das aufgearbeitete Material in den davor liegenden tieferen Schuttbereich lieferte. Aufgeschlossen ist der Vorriffbereich am Hohen Brett, entlang des Weges vom Stahlhaus zum Jägerkreuz.
- **Zentraler Riffbereich:** Riffbildner in Lebensstellung charakterisieren diese Zone. Sie erstreckt sich von den Umgängen über den Gipfelbereich des Hohen Brettes und Archenkopfes bis etwa südlich des Gruber Hornes. Durch Störungen ist sie dort gegen Bildungen der riffnahen Rückseite abgegrenzt. Als vorrangige Gerüstbildner im zentralen Riffbereich treten Kalkschwämme (Peronidella, Colospongia u. a.) und Korallen auf (Thecosmilia, Montlivaltia, Astraeomorpha, Thamnasteria etc.). Daneben erscheinen untergeordnet Kalkalgen, Hydrozoen und weitere Vertreter anderer Tiergruppen. Diese Lebensgemeinschaften lassen sich sehr gut im westlichen Bereich des Hohen Brettes in verschiedenen Dolinen studieren.

– **Riffrückseite:** Nach Norden schließt sich zunächst in einem Gürtel ein Übergangsbereich zwischen Riff und Lagune an, Dürreckberg und der Gipfel des Hohen Göll liegen in dieser Zone. Weiter nach Norden (Kehlstein, Nordseite des Hohen Göll) erfolgt dann der Übergang in die typische gebankte lagunäre Fazies des Dachsteinkalkes.

Die tektonische Stellung des Hohen Gölls innerhalb des weiteren Gebirgsverbandes ist äußerst kompliziert. Die weithin sichtbaren hochgelegenen Dachsteinkalke sind auf Jura überschoben, der wiederum in normaler Folge tiefen Dachsteinkalk überlagert. Eindrucksvoll lassen sich diese Verhältnisse von der Kehlsteinstraße aus erkennen, wo deutlich die große Falte des Dürreckberges sichtbar wird.
Das Massiv des Hohen Gölls nimmt somit was geographische Lage, tektonische Verhältnisse und die Fazies des Dachsteinkalkes betrifft, eine gewisse Sonderstellung innerhalb der Berchtesgadener Alpen ein.

Watzmann

Mit 2713 Meter Höhe ist er nach der Zugspitze einer der höchsten Berge Deutschlands. Sein unverwechselbares Aussehen und seine imposante Erscheinung ließen ihn zum Wahrzeichen des Berchtesgadener Landes werden.
Der Hauptkamm des Watzmanns, vom Watzmannhaus über Hocheck, Mittelspitze und Südspitze verläuft nahezu in Nord-Süd-Richtung. Gegen Osten schließen daran die Watzmannkinder und der Kleine Watzmann an. Von Norden her betrachtet, bietet sich so das typische Bild des Watzmannmassivs. Südlich der Watzmannkinder folgt das Gebiet um den Schwemmkegel von St. Bartholomä, der seine Schuttlieferung aus den tieferen Bereichen der Watzmannostwand bezieht.

Der geologische Aufbau des Watzmanns ist recht einfach. An der Basis steht Ramsaudolomit an, darüber folgen die Raibler Schichten. Karnisch-Norischer Dolomit leitet zum Dachsteinkalk über, fleckenhafte Vorkommen von Juragesteinen runden die Schichtenfolge ab. Besonders der Dachsteinkalk in lagunärer Fazies bestimmt das Bild in den höheren Bereichen des Watzmanns. Vom Hagengebirgswestrand aus sind die einzelnen Bänke des Dachsteinkalkes in den oberen Partien der Watzmannostwand deutlich zu erkennen. Auch Kletterrouten nutzen im oberen Wandteil diese „Bänder". Dagegen fällt der liegende Dolomit durch seine Schroffenbildung auf, die tieferen Wandanteile sind durch Runsen stark zergliedert und in einzelne Türme zerlegt.
Eine Besonderheit stellen jedoch die tektonischen Verhältnisse dar. Watzmann und Hochkalter bildeten zusammen ein großes Gewölbe, das nach Norden unter die Berchtesgadener Einheit (hier Lattengebirge mit Gsengschneid und Toter Mann) abtaucht. Dieses nach Norden ge-

richtete Einfallen der Gewölbestruktur wird beim Blick auf die Watzmannostwand deutlich, aber genauso beim Begehen der Wimbachklamm, wo eine gekippte Schichtenfolge von Juragesteinen ansteht, die auf den Dachsteinkalk folgen und „geologisch“ den Gipfel markieren. Der Scheitel des großen Watzmann-Hochkaltergewölbes wäre über dem Wimbachtal zu denken. Die heutigen Gipfel des Watzmanns waren also an der östlichen Bergflanke gelegen, die Hochkaltergipfel an der westlichen. Der Scheitelbereich des Gewölbes ist durch einen Grabenbruch eingestürzt. Vor allem glaziale Prozesse haben anschließend diesen für Erosionsvorgänge anfälligen Bereich trogförmig zu dem heutigen Wimbachtal umgestaltet.

Hochkalter

Der Hochkalter ist das geologische Pendant zum Watzmann. Absolut vergleichbar im Schichtenaufbau, bildet er den westlichen Flügel des großen Watzmann-Hochkaltergewölbes (s. Watzmann).
Morphologisch bildet das Massiv einen stark zergliederten Kamm, der sich von der Blaueisspitze über Steintalhörnl bis zur Hocheisspitze erstreckt. Gegen Westen fallen davon eine Reihe von Hochtälern ab, Ofental, Steintal und Sittersbachtal. Sie sind entlang von Störungen angelegt,

Blick vom Kahlersberg über das Plateau der Gotzenalm zum Watzmann.

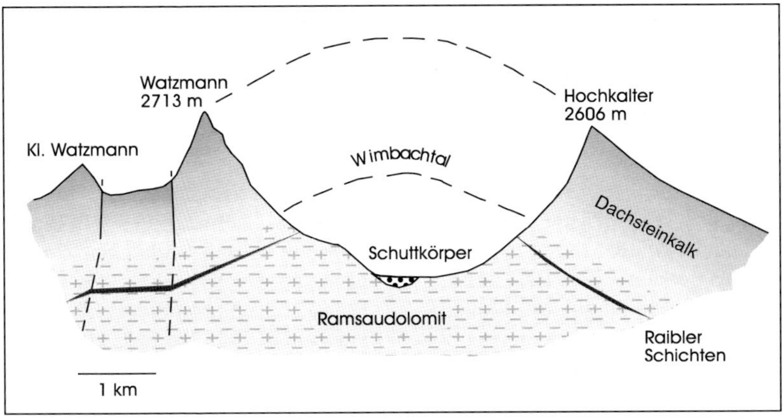

Geologisches Profil Watzmann – Hochkalter.

die durch glaziale Prozesse ausgeformt wurden. Dagegen fallen die Ostwände des Hochkalters steil gegen das Wimbachtal ab. An der Nordseite des Hochkalters liegt der nördlichste Gletscher der Alpen, das Blaueis. Geschützt von bis zu 400 Metern aufragenden Wänden und begünstigt durch seine nordwärtige Exposition, hat er sich bis heute erhalten können.

Dieser Gletscher ist als Hängegletscher anzusprechen, der seine Nachfuhr aus im Winter abgehenden Lawinen bezieht. Unterhalb der Blaueishütte befinden sich mehrere eindrucksvolle Endmoränenwälle, bei denen der Blaueisgletscher neben Grundmoränenmaterial auch Bergsturzblöcke aus dem Bereich der Schärtenspitze zusammengeschoben hat. Sie markieren ehemalige Stillstandslagen kräftigerer Eisvorstöße.

Störungen verschiedener Richtungen gliedern den Hochkalter und trennen ihn von seinen Vorbergen ab, teilweise mit Versatzbeträgen von bis zu 200 Metern. Ebenso ist das Gebiet der Hochalm allseitig von Störungen begrenzt. Am Wasserwandkopf ist eine kleine Mulde aufgeschlossen.

Das ganze Hochkaltermassiv ist intensiv verkarstet und wird unterirdisch entwässert. An seiner nördlichen Flanke entspringen talnah die Gletscherquellen, sie zeigen die größten Schüttungen in der Umgebung.

In einer Höhenlage von 700 bis 850 Meter üNN steht am Nordfuß des Hochkalters ein verfestigtes Konglomerat an. Es wurde in früherer Zeit als Baustein abgebaut und auch zu Mühlsteinen verarbeitet, wovon sich der Name Ramsauer Mühlstein ableitet. Zahlreiche Gerölle kristallinen Ursprungs bestimmen das Komponenteninventar.

Diese wurden während den im Vergleich zur letzten Eiszeit ausgedehnteren Mindel- oder Rißvereisungen aus dem Zentralalpin und den umgebenden Gebieten herantransportiert. In einer zwischeneiszeitlichen Phase wurde dann das Material durch Flüsse umgelagert, eindrucksvolle Schrägschichtungskörper wie etwa zu Beginn des Wanderweges Ramsau – Eckaualm belegen dies. Letztendlich ist das genaue Alter des Ramsauer Mühlsteins nicht geklärt. Sicher ist nur, daß er schon vor der letzten Eiszeit gebildet wurde, da in Moränenablagerungen der Würmeiszeit Geschiebe aus Ramsauer Mühlstein auftreten.

Untersberg

Am Untersberg sind die geologischen Verhältnisse recht einfach. Das allgemeine Schichtfallen ist nach Nordwesten gerichtet, diese pultartige Kippung hat zur Folge, daß am Ost- und Südfuß des Untersberges die ältesten Schichten anstehen. Es ist eine komplette Schichtenfolge von Haselgebirge bis zum Dachsteinkalk aufgeschlossen, besonders erwähnenswert sind die sehr ausgeprägten Raibler Schichten, die etwa in Höhe des Scheibenkasers ein markantes Band bilden. Gesteine des Lias lagern fleckenhaft dem Dachsteinkalk auf, zwischen dem Brunntal und der Klingeralm folgen jurassische Plassenkalke auf Dachsteinkalk, von dem sie makroskopisch nur sehr schwer zu unterscheiden sind. Im Norden transgrediert Gosau auf Dachsteinkalk, auch der bekannte „Untersberger Marmor", eigentlich eine Brekzie, in der Plassenkalkbruchstücke das Komponenteninventar bestimmen, gehört in diese Folge. Hippuritenkalke und Nierentaler Schichten lagern im Südwesten an. Ein tektonisches Fenster im Bereich des Gschirrkopfes läßt einen Einblick in den tirolischen Untergrund zu. Dachsteinkalk des Tirolikums – er unterscheidet sich etwas von dem der Berchtesgadener Einheit – Gesteine des Jura und Mergel aus der Unterkreide stehen dort an. Große Bereiche in den tieferen Tallagen sind mit Moräne verhüllt. Beim Paß Hallthurm breitet sich ein großes Bergsturzareal aus, dessen Ausbruchnischen am Hirschangerkopf und in der Gurrwand deutlich erkennbar sind.

Diese geologischen Verhältnisse in Zusammenhang mit dem Einfallen der Schichten bestimmen auch die Morphologie des Untersberges. Im Osten und Süden ragen Steilwände auf, die darunter liegenden Dolomite markieren einen deutlichen Knick im Hangprofil. Nach Nordwesten ist die verkarstete Hochfläche geneigt, die wiederum durch tektonisch angelegte Gräben in sich gegliedert ist.

Auf der Hochfläche selbst ist ein reicher Karstformenschatz vertreten. Großformen wie Dolinen und Uvalas, aber auch zahlreiche Karstgassen verleihen dem Plateau ein unruhiges Kleinrelief. Im kleinen fallen verschiedenste Karrenformen auf, die zusammen mit dichtem Latschengebüsch ein Begehen der Hochflächen-

bereiche äußerst beschwerlich gestalten. Während der letzten Eiszeit unterlag die Hochfläche des Untersberges einer intensiven Plateauvergletscherung. Davon zeugen heute noch kleine Moränenreste, die in geschützten Lagen erhalten sind. Auffällig an ihrer Position ist, daß sie sich fast ausnahmslos an Stellen befinden, wo die Plateauvergletscherung in einzelne Gletscherzungen überging, die dann talwärts flossen. In weiten Bereichen wird der Untersberg unterirdisch entwässert, wobei die Hauptentwässerungsrichtung gegen die Fürstenbrunner Quelle verläuft, die der Trinkwasserversorgung der Stadt Salzburg dient.
Zahlreiche Höhlen sind vom Untersberg bekannt, er gilt als einer der höhlenreichsten Bergstöcke der Berchtesgadener-Salzburger Kalkalpen. Für die Allgemeinheit zugänglich ist allerdings nur die Schellenberger Eishöhle.

Die tektonischen Verhältnisse am Untersberg

Der nördlich von Berchtesgaden gelegene Untersberg gehört zusammen mit dem Lattengebirge und der Reiteralm zur sogenannten Berchtesgadener Decke. Diese wurde schon während der Kreidezeit auf Tirolikum aufgeschoben, das dadurch die Berchtesgadener Einheit wie eine Schüssel umschließt. Durch weitere tektonische Vorgänge während des Tertiärs gelangte der Untersberg schließlich in seine heutige Position, die ihn wie einen Sporn aus dem Alpenvorland aufragen läßt. Dabei kam der Untersberg nach einer geringfügigen Rotation soweit im Norden zu liegen, daß von ihm der Nordflügel der tirolischen Mulde unterdrückt wird.

Der spezielle tektonische Bau gestaltet sich relativ einfach. Das gesamte Gebiet gehört der hochjuvavischen Decke an, wobei deren tiefste Einheiten am unteren Ende der Almbachklamm und in der Umgebung des Hammerstiel-Lehens aufgeschlossen sind. Dort befindet sich, etwa der Berchtesgadener Ache folgend, die Deckengrenze zur liegenden tirolischen Einheit. Einige kleinere Störungen versetzen hier die Werfener Schichten und Anisischen Dolomite. Haselgebirge des Hochjuvavikums erscheint nur entlang einer größeren Störung, die durch den Gernbach in seinem Lauf nachgezeichnet wird und an der das Gebiet der Vorder- und Hintergern gegenüber dem der Obergern relativ gehoben erscheint.
Einer weiteren größeren Störung folgt in etwa der Almbach. Sie läßt sich bis in den Plateaubereich des Untersberges verfolgen. Dort werden, ebenso wie in den Wänden des Untersberges und der Almbachwand, vermehrt Störungen sichtbar, ihre verschiedenen Richtungen sind mit dem unterschiedlichen Entstehungsalter und Beanspruchung erklärbar. Zum einen erscheinen Störungen vorgosauischen Alters, wie auch jüngere Störungen, die erst während des Tertiärs angelegt wurden.

Alle diese dargestellten Strukturen haben nur eine relativ eng umgrenzte lokale Bedeutung. Der Bau und die Schichtenfolge innerhalb der hochjuvavischen Decke bleiben deutlich sichtbar.

Almbachklamm

Der Almbach hat sich am Ostfuß des Untersberges auf ca. 3 Kilometer Länge, zwischen Maria Gern und Ettenberg, tief in den dort anstehenden Ramsaudolomit eingeschnitten. Zu Beginn der Klamm stehen in einem schmalen Streifen noch Werfener Schichten an, die dort den Anfang der Schichtenfolge der Berchtesgadener Einheit markieren.
Der Almbach hat sich erst nach Abschmelzen der Gletscher der letzten Vereisung eingeschnitten. Im oberen Einzugsgebiet formen die vielen Zuflüsse ein Kar in eine vielgliedrige, kleinräumige Landschaft um, die sich nur im Überblick (am besten vom Untersberg aus) im ganzen erschließt. Dabei wird auch augenfällig, daß die Gebiete der Gern und Ettenbergs bis in die jüngste geologische Vergangenheit eine zusammenhängende Hochebene bildeten.

Schellenberger Eishöhle

Die Schellenberger Eishöhle liegt wenig oberhalb der Toni-Lenz-Hütte am Salzburger Hochthron des Untersberges.
Sie ist die größte bekannte Eishöhle Deutschlands und teilweise als Schauhöhle ausgebaut. Insgesamt

Der Untersberg mit dem Einzugsgebiet des Almbaches.

sind etwa 1000 Meter Ganglänge bekannt, davon kann etwa die Hälfte besichtigt werden. Absteigend über einen Schneekegel erreicht man den eigentlichen Höhleneingang. Der Schneekegel führt weiter in die Haupthalle (Angermayerhalle), die über 50 Meter lang, 25 Meter breit und 8 Meter hoch ist. Der Boden wird von Eis gebildet, das ca. 30 Meter mächtig ist. Eiskeulen, Säulen und Fälle erwarten den Besucher. Durch die Halle gelangt man 15 Meter tiefer in den „Mörkdom" mit seinen Eiskaskaden und weiter in die „Fuggerhalle". Dort ist der Endpunkt der Führung erreicht. Die weiteren Gänge bleiben den Höhlenforschern vorbehalten; sie sind nur mit entsprechender Genehmigung und Ausrüstung zu befahren.
Den Hauptanteil an der Eisführung stellt Schnee-Eis, dagegen werden die Eisfiguren von Tropfwasser aus den Wänden und der Decke gebildet. In der Höhle selbst ist keine Luftbewegung festzustellen, sie ist somit eine statische Eishöhle. Winterliche Kaltluft versackt in der Höhle und bleibt so das ganze Jahr über erhalten.

Reiteralm

Die Reiteralm, auch Reiter Alpe oder Reither Alm, ist einer der typischen Plateauberge des Berchtesgadener Landes. Nach allen Seiten durch Steilwände begrenzt, umfassen einzelne Bergkuppen und Bergketten die über 20 km^2 große Hochfläche. Die Reiteralm gehört mit Lattengebirge und Untersberg zur obersten tektonischen Einheit des Berchtesgadener Landes. Diese sogenannte Berchtesgadener Einheit liegt in einer großen Mulde des Tirolikums, die sich vom Steinernen Meer im Süden bis zum Hochstaufen im Norden erstreckt. Der Schichtenaufbau der Reiteralm ist dem des Lattengebirges und Untersberges vergleichbar. Beginnend mit Werfener Schichten ist die gesamte triadische Gesteinsabfolge aufgeschlossen, die mit dem Dachsteinkalk abschließt. In geringer Mächtigkeit lagern auf dem Hochplateau fleckenweise Juragesteine auf, in der näheren Umgebung der Traunsteiner Hütte stehen noch Sedimente der Gosau an.
Das gesamte Massiv ist stark von Störungen durchzogen, an denen einzelne Komplexe teilweise staffelbruchartig gegeneinander versetzt sind. Während der letzten Eiszeit trug die Reiteralm eine Lokalvergletscherung. Ein entsprechender glazialer Formenschatz mit ausgeprägten Karbildungen zeigt dies an. Die Hochfläche der Reiteralm ist voll verkarstet und wird hauptsächlich gegen Norden unterirdisch entwässert. Bedeutendste Quelle ist der Ursprung des Schwarzbaches unweit der Schwarzbachwacht an der Deutschen Alpenstraße.

Königssee und St. Bartholomä

Fjordartig eingeschnitten erstreckt sich der Königssee mit 8 Kilometern Länge zwischen dem Hagengebirge

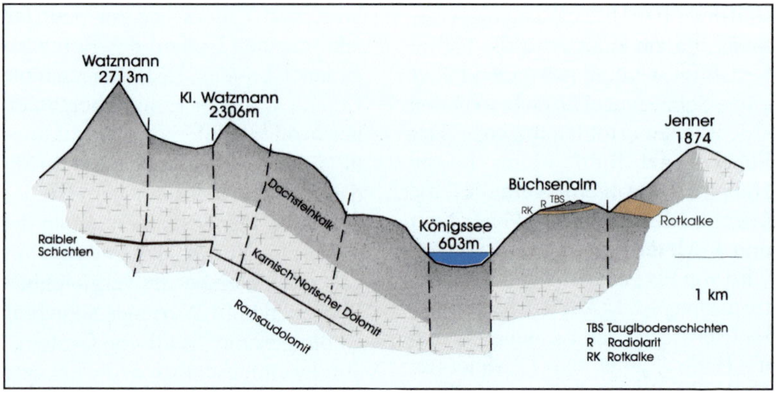

Geologisches Profil Watzmann – Königssee – Jenner.

im Osten und dem Watzmann im Westen. Nach Süden wird er durch die Steilabstürze des Steinernen Meeres begrenzt, dagegen schließt sich nach Norden die weite Tallandschaft der Schönau an. 1,3 Kilometer mißt der See an seiner breitesten Stelle, die maximale Tiefe beträgt 190 Meter. Gespeist wird der Königssee im wesentlichen durch den Zufluß vom südöstlich gelegenen Obersee, dem Königsbach (Wasserfall) und Kesselbach aus dem Hagenbirge, dem Schrainbach (Wasserfall) aus dem Steinernen Meer und dem Eisbach von St. Bartholomä. Weitere Quellen sind die Schradellöcher und der Grünseebrunnen am Fuß des Simetsberges sowie episodisch ein kleiner Zufluß aus der Malerwinkelhöhle. Darüberhinaus werden unterirdische Zuflüsse vermutet. Den Abfluß bildet die Königsseer Ache, die sich mit der Ramsauer Ache am Bahnhof in Berchtesgaden zur Berchtesgadener Ache vereint.

Seine Entstehung verdankt der Königssee den abschmelzenden Gletschern der letzten Eiszeit, die, mit über 1000 Metern Eismächtigkeit, auch sein Becken trogförmig aushobelten. Der See dürfte somit etwa 10 000 Jahre alt sein. Seine tektonische Anlage als Bruch erfolgte allerdings schon im oberen Jura. Im Tertiär haben wohl Flüsse diese vorgezeichnete Schwächezone benützt, während der Eiszeiten dann die Gletscher. Königssee und Obersee sind durch eine Sohlschwelle getrennt, auf der Moränenwälle von Eisrückzugsstadien lagern. Der historische Bergsturz aus dem Jahr 1172, der vielerorts als vermeintliche Ursache für die Trennung von Königssee und Obersee angeführt wird, wirkte allenfalls überprägend. Im Einzugsgebiet des

Königssees dominiert der Dachsteinkalk als anstehendes Gestein. Diese Tatsache ist mit für die Reinheit des Seewassers und die nur geringe Sedimentbildung am Seeboden verantwortlich. Da der Dachsteinkalk nahezu rückstandslos verkarstet, gelangt kaum Trübe in den See; die Wasserqualität ist entsprechend sehr gut.

Eine Besonderheit ist der Schwemmfächer von St. Bartholomä. Er bezieht sein Material im wesentlichen aus den tieferen Partien der Watzmann-Ostwand, wo Ramsaudolomit und Karnisch-Norischer Dolomit ansteht. Dieser wird durch Frostsprengung mechanisch aufgelockert und dann durch den Eisbach in den See transportiert. Der Schwemmfächer von St. Bartholomä hat den Königssee schon erheblich eingeschnürt. In geologischer Zukunft wird dies zu einem vorderen und hinteren Königssee führen.

Wimbachtal

Watzmann und Hochkalter bildeten zusammen einst ein großes Gewölbe, das nach Norden unter das Lattengebirge abtaucht. Dies wird sowohl beim Blick auf die nach Norden geneigten Schichtflächen des Dachsteinkalkes unterhalb des Watzmannhauses deutlich, wie auch beim

Fjordartig eingeschnitten liegt der Königssee zwischen Hagengebirge und Watzmann.

Begehen der Wimbachklamm, wo eine stark gekippte Schichtenfolge von Juragesteinen ansteht. Der Scheitel des Gewölbes wäre über dem Wimbachtal zu denken, die heutigen Gipfel von Watzmann und Hochkalter an den jeweiligen Bergflanken. Mit einem Grabenbruch ist der Scheitelbereich eingestürzt und Gletscher haben während der vergangenen Eiszeiten dem Tal seine heutige Form gegeben.

Die Wimbachklamm hat sich erst mit Abschmelzen des Talgletschers vor etwa 10 000 Jahren eingeschnitten. Zunächst war das Tal durch eine Schwelle nach Norden begrenzt, hinter der sich das Schmelzwasser des Gletschers staute. Zeugen davon sind Seetone, die in ruhigem Wasser abgelagert wurden und heute in hellen Streifen südlich der Klamm anstehen. Als der aufgestaute See über die Schwelle abfließen konnte, begann auch das Einschneiden des Wimbaches in die Klamm: der See entleerte sich zunehmend.

Durch die gekippte Lagerung bedingt, stehen nach Süden in das Tal hinein immer ältere Gesteinsformationen an. Die Schichtenfolge beginnt in der Klamm mit Radiolarit, es folgen Rotkalke, ohne scharfe Grenze Knollen- oder Flaserkalke, schließlich Hornsteinkalke.

Am oberen Ende der Klamm erfolgt der Übergang in den Dachsteinkalk und somit der Wechsel vom Jura in die Trias.

Nach dem Verlassen der Klamm öffnet sich das Tal und der Dachsteinkalk mit steilen Wände bestimmt das Landschaftsbild. Unweit der Klamm direkt an der Forststraße sind in einer Böschungsverbauung Blöcke verwendet worden, die zahlreiche bis zu 10 Zentimeter große Megalodontenreste enthalten. Wenige Meter oberhalb des Wimbachschlosses quert eine breite Schuttrinne den Weg. Sie markiert in etwa die Grenze zwischen Dachsteinkalk und Ramsaudolomit, der im ganzen hinteren Talbereich dominiert. Er ist massig ausgebildet, zudem wird sein Aussehen durch zahlreiche Rinnen und Runsen geprägt, zwischen denen einzelne Felsköpfe in Erscheinung treten. Den Talschluß bilden die Palfenhörner mit ihren bizarren Felstürmen.

Ramsauer Tal, Gerstreit, Toter Mann

Die drei großtektonischen Dekkeneinheiten sowie deren Lagerungsverhältnisse bestimmen den geologischen Bau im Gebiet der Ramsau. Das Gebiet nördlich der Ramsauer Ache ist dem Hochjuvavikum zuzuordnen, der Talbereich um die Ache mit Haselgebirge und Hallstätter Kalken dem Tiefjuvavikum und der südliche Teil mit dem Hochkalter ist der liegenden Einheit des Tirolikums zuzurechnen.

Im Stangenwald nahe Berchtesgaden und weiter im Tal der Ramsauer Ache ist an verschiedenen Stellen Haselgebirge aufgeschlossen. Diese Vorkommen sind an Deckengrenzen gebunden. Das Haselgebirge selbst wird dem Tiefjuvavikum zugeordnet, das eingequetscht zwischen Tirolikum und der Berchtesgadener Decke, dem Hochjuvavikum, liegt.

Es sind bunte Tone mit stellenweisen Einlagerungen von Ton- und Siltsteinlagen, vereinzelt erscheinen Gipslagen.

Die Schichtenfolge des Hochjuvavikums beginnt mit den Unteren Werfener Schichten. Sie bestehen aus feinplattigen, roten Silt- und Tonsteinen, gegen das Hangende schalten sich vermehrt Sandsteinbänke ein. Gute Aufschlüsse finden sich entlang der Bäche nördlich der Ramsauer Ache bis ca. 850 m üNN. Darüber folgen an den Südhängen des Toten Mannes konkordant die Oberen Werfener Schichten. Sehr gute Aufschlüsse bot die Böschung der Zufahrtsstraße zum Gasthof Gerstreit, die jedoch unnötigerweise mit Spritzbeton befestigt wurde. Sie sind als Siltsteine, Sandsteine, Kalksandsteine und Kalke ausgebildet, in die verbreitet Ton- und Mergellagen eingeschaltet sind. Im Profil Gerstreit lassen sich mehrere Faziestypen unter dem Mikroskop erkennen. Charakteristisch sind weiterhin zahlreiche Sedimentstrukturen. Es sind Planarschichtungen, Schrägschichtungen und Rippelstrukturen sowie Wickelschichtungen festzustellen. Bioturbation ist verbreitet und neben den faziestypischen Fossilien erscheinen vor allem in den tieferen Bereichen der Oberen Werfener Schichten inkohlte Pflanzenreste. Zusammenfassend bieten sie das Bild eines festländisch beeinflußten, kleinräumig strukturierten und relativ flachen Ablagerungsraumes.

Gesteine der skythisch-anisischen Karbonatfazies vermitteln zwischen den Oberen Werfener Schichten und dem Ramsaudolomit in diesem Profil. Ebenfalls gut aufgeschlossen

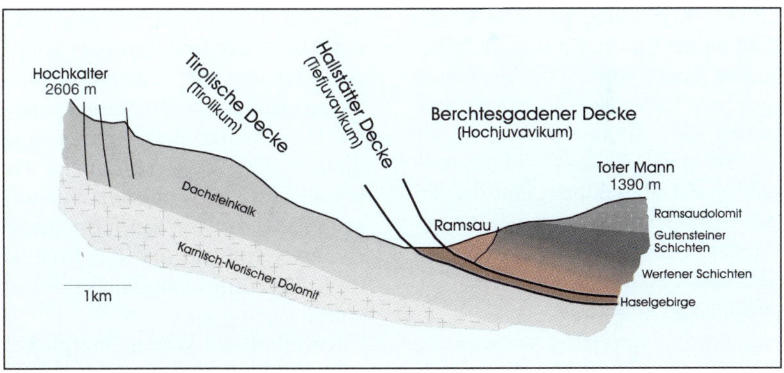

Geologisches Profil Hochkalter – Toter Mann.

sind diese Gesteine entlang der Straße zum Hochschwarzeck (nach MERZ 1987).

In den höheren Lagen des Toten Mannes steht Ramsaudolomit an, meist ist er in typischer Weise ausgeprägt. An manchen Stellen im Gipfelbereich des Toten Mannes erscheint er mehr gebankt und es finden sich dort auch kleinere Wettersteinkalkvorkommen.

Insgesamt bietet dieses Profil die Dokumentation eines nahezu lückenlosen Übergangs in der Entwicklung eines zunächst noch stark terrigen beeinflußten Ablagerungsraumes in der unteren Trias in die für das Berchtesgadener Land typische Karbonatfazies.

Ramsau

In den Talbereichen der Ramsau und an den tieferen Talflanken der umgebenden Berge ist in vielfältiger Weise die wechselhafte quartäre Geschichte des Berchtesgadener Landes dokumentiert. Dagegen sind tertiäre Sedimente aus der Ramsau nicht bekannt, jedoch werden die Verebnungen bzw. Geländeverflachungen zwischen 750 – 1000 m üNN und 1500 – 1700 m üNN in das Pliozän gestellt und in Zusammenhang mit der tertiären Landschaftsentwicklung gebracht. Die Terrassen entlang der Ramsauer Ache werden für Altpleistozän angesehen.

Als ältestes quartäres Sediment ist entlang der Ramsauer Ache und des Lattenbaches Ramsauer Mühlstein aufgeschlossen. An verschiedenen Stellen (Bsp. Beginn des Wanderweges zur Eckaualm) sind Sedimentstrukturen fluviatilen Ursprungs erhalten. Aufgrund der Lagerungsverhältnisse und des Grades der Lithifizierung wird für den Ramsauer Mühlstein glazialer Transport während der Mindel-Eiszeit angenommen, im anschließenden Interglazial fluviatile Umlagerung und Sedimentation.

Sichere Fernmoräne steht an der Gsengschneid, am Schwarzeck und nördlich des Wartsteins an. Im Gegensatz zur Lokalmoräne sind in der Fernmoräne verschiedene kristalline Gesteine aufzufinden. Da die Würmvereisung nicht die für einen Transport der Kristallinkomponenten aus den Zentralalpen nötigen Ausmaße erreichte, dürfte die Fernmoräne rißeiszeitlichen Alters sein.

An der Nordflanke des Hochkalters und des Steinberges liegt über dem Ramsauer Mühlstein eine Dachsteinkalkbrekzie, in der untergeordnet auch lokale Juragesteine auftreten. Die Größe und Form der Komponenten legt nahe, daß diese Brekzie aus Hangschutt hervorgegangen ist. Da der Grad der Lithifizierung nicht so weit fortgeschritten ist wie beim Ramsauer Mühlstein und aufgrund der Lagerungsverhältnisse ist zu vermuten, daß die Brekzie im Riß-/Würm-Interglazial gebildet wurde.

Ebenfalls Riß / Würm-Interglazial wird für die Bildung des regellosen und unsortierten Dachsteinkalkkonglomerates zwischen Wartstein und Zulehen angenommen. Es könnte aus lokalen, in Verbindung mit dem Zurückweichen der Gletscher gebildeten, Schottern hervorgegangen sein.

Sowohl über der Dachsteinkalkbrekzie wie auch über dem Dachsteinkalkkonglomerat liegt lokale Würmmoräne. Sie ist in der Ramsau flächenhaft weit verbreitet, lediglich am Taubensee und zwischen Kunterwegkogel und der Alpenstraße sind Moränenwälle ausgebildet. An manchen Stellen ist die Lokalmoräne leicht mit der Fernmoräne zu verwechseln, da in der Lokalmoräne Kristallin erscheint, das aber aus aufgearbeitetem Ramsauer Mühlstein stammt. Über der Würmmoräne liegt die Bergsturzmasse des Zauberwaldes, deren Ablagerungsvolumen auf 13 Mio m^3 geschätzt wird. Der Bergsturz löste sich aus dem nischenförmigen Abbruchsbereich zwischen Schärtenspitze und Steinberg und dürfte im Spätglazial niedergegangen sein.

Zauberwald, Hintersee und Klausbachtal

Der Zauberwald, ein wirres Blockfeld, ist das Ablagerungsgebiet eines Bergsturzes, der aus dem Bereich zwischen Schärtenspitze und Steinberg ausbrach. Auch heute noch ist die Ausbruchsnische deutlich zu erkennen, die eine obere Kantenlänge von ca. 400 Meter aufweist. Über 15 Millionen Kubikmeter Dachsteinkalk sind von dort zu Tal geglitten und haben dabei eine Entfernung von über 3,5 Kilometer zurückgelegt. Die Hauptmasse davon bildet heute das Gebiet des Zauberwaldes. Größere und kleinere Bergsturzereignisse aus dem Gebiet des Hochkalters und seiner Vorberge werden bis in die jüngste Vergangenheit nahezu jährlich registriert, sie erreichten aber alle bei weitem nicht das Ausmaß des Hinterseebergsturzes. Nach Süden schließt sich an den Zauberwald der Hintersee an, der im Hochwinter oftmals tragfähig zufriert.

In seinem Tal folgt der Klausbach der Deckengrenze zwischen dem liegenden Tirolikum (Hochkalter im Osten) und der auflagernden Berchtesgadener Einheit (Reiteralm im Westen). Der direkte Kontakt ist durch jüngere Talverfüllungen verdeckt. An den Talflanken der Reiteralm stehen im tieferen Bereich Werfener Schichten, Ramsaudolomit und darüber Dachsteinkalk an. Die flacheren Hänge der Werfener Schichten sind dabei oftmals von Schuttmaterial aus den darüber aufragenden Wänden oder von Moränen überdeckt. Insbesondere durch die mechanische Verwitterung des Ramsaudolomits bedingt, ziehen Gräben von der Reiteralmseite ins Tal hinab. Am ausgeprägtesten ist der große Mühlsturzgraben nahe der Engert-Holzstube.

An der Hochkalterseite fallen die Bänke des Dachsteinkalkes gegen das Tal hin ein. Die talnahen Bereiche tragen noch eine geringmächtige Auflage von Juragesteinen. Südlich der Engert-Holzstube folgen darauf grünliche Mergel der Unterkreide. Weiter gegen den Hirschbichlpaß stehen wieder Gesteine des Jura an. Der Paß selbst liegt in einer intensiv verschuppten Störungszone, die die Berchtesgadener Einheit in südlicher Richtung begrenzt.

Roßfeld

In den Lagerungsverhältnissen der Gesteine am Roßfeld wird eine große Mulde im Tirolikum sichtbar, die sich vom Zinkenkogel im Norden bis in das Umfeld des Purtscheller Hauses erstreckt. Dabei bilden Oberalmer Schichten die Basis, am Nordflügel der Mulde gehen sie in die Schrambachschichten über. Darüber entwickeln sich die Unteren Roßfeldschichten mit ihren Sandsteinen, die schließlich zu den Oberen Roßfeldschichten überleiten. Besonders entlang der Mautstraße sind diese sehr gut aufgeschlossen. Sedimentäre Brekzien mit bis zu metergroßen Komponenten der triadischen Bekken- und Lagunenfazies sind angeschnitten. Daneben kann ein sehr reichhaltiges Inventar an Sedimentstrukturen studiert werden, die alle auf synsedimentäre Entstehungsprozesse hinweisen. Aus ihnen geht hervor, daß während der Unterkreide bereits submarine Erosionprozesse im Juvavikum und Tirolikum stattgefunden haben. Diese werden mit dem Eingleiten des Hochjuvavikums in Verbindung gebracht.

Der Ahornbüchsenkopf wird aus Hallstätter Kalken und Dolomiten aufgebaut, die auf Haselgebirge lagern. Das Haselgebirge selbst liegt wieder auf Roßfeldschichten, so daß im Ahornbüchsenkopf eine juvavische Deckscholle sichtbar wird, die auf Tirolikum auflagert. Ähnliche Verhältnisse sind südlich der Roßfeldhütte gegeben, aber nicht in der Deutlichkeit aufgeschlossen.

Demnach hat das Eingleiten des Juvavikums in das Tirolikum in der oberen Unterkreide stattgefunden, da an anderer Stelle Gosau der Oberkreide über diese Strukturen greift.

Diese an und für sich einfachen Lagerungsverhältnisse sind beim Einbezug weiterer paläogeographischen Gegebenheiten nicht mehr so einfach zu deuten. Für den Geologen lassen sich diese Fragen auf den auch für jeden Nicht-Geologen verständlichen Punkt bringen: Wie kommt der Kuhfladen aufs Dach?

Geologische Wanderungen im Berchtesgadener Land

Vom Jenner zum Schneibsteinhaus, weiter über den Königsbergrücken ins Königstal und zur Königsbachalm

Vom Parkplatz Hinterbrand über den Unteren Hirschenlauf zur Gotzenalm, zurück über die Forststraße und Königsbachalm

Durch das Wimbachtal und über Trischübel nach St. Bartholomä

Vom Jenner zum Schneibsteinhaus, weiter über den Königsbergrücken ins Königstal und zur Königsbachalm

Entlang des Weges von der Bergstation der Jennerbahn zum Jennergipfel ist ein allmählicher Faziesübergang vom Karnisch-Norischen Dolomit in den Dachsteinkalk aufgeschlossen. Dabei schalten sich in die sehr fossilreichen oberen Partien des Dolomits immer mehr Kalkbänke ein, die zum Teil als Schill-lagen (Halorella pedata) ausgebildet sind. Nahe der Aussichtsplattform ist dann reiner, detritischer Riffschuttkalk anzutreffen. In dem dort saiger stehenden Dachsteinkalk sind auch dünnschalige Halobien und Monotiden erhalten, was neben Filamenten und Conodonten als Hinweis auf Hallstätter Einfluß in die Dachsteinkalkfazies gewertet werden kann. Im Gegensatz dazu ist der Dachsteinkalk des Kleinen Jenners als Riff- und Riffschuttkalk anzusprechen, der aus einem einzeln stehenden kleinen Riffkörper hervorgegangen ist.

Von der Aussichtsplattform besteht ein guter Rundblick über die Berchtesgadener Alpen, besonders über den Hagengebirgswestrand mit seiner Bruchtektonik und über die Torrener-Joch-Zone.

Stahlhaus am Torrener Joch.

Vom Jenner bis etwa zur Weggabelung Stahlhaus – Schneibsteinhaus steht der Karnisch-Norische Dolomit an, er ist dort in massiger Fazies ausgebildet. Weiter bis zum Schneibsteinhaus dominiert dann die gebankte Fazies, die mehrmals durch Schuppen von Raibler Schichten unterbrochen ist. Das Schneibsteinhaus selbst steht auf Ramsaudolomit, in den östlich des Schneibsteinhauses Wettersteinkalke eingelagert sind.

Exkurs: Vom Stahlhaus oder Schneibsteinhaus sind Besteigungen des Hohen Bretts und des Hohen Gölls möglich. Dabei verläuft der Weg zum Jägerkreuz durch den Vorriffbereich, etwa ab dem Jägerkreuz über das Hohe Brett und die Umgänge im zentralen Riffbereich; der Gipfel des Hohen Göll selbst liegt in einer Zone der riffnahen Rückriffseite.

Der Weg Schneibsteinhaus – Königsbergrücken verläuft zunächst bis zur Grenzerhütte in Moränengelände mit einzelnen Moränenwällen, auf dem Königsbergrücken im Ramsaudolomit. Der Königsbergrücken wird im Norden von Reiflinger Kalken und im Westen und Süden von Gutensteiner Dolomiten umrahmt. Weiter das Tal des Königsbaches hinab folgen dann Werfener Schichten, die an deutlichen Vernässungen im Gelände leicht kenntlich sind.

Auf der Königsbachalm.

Im westlichsten Bereich des Königsbergrückens sind mehrere verfallene Gangöffnungen und kleinere Abraumhalden aufzufinden, sie gehen auf den dort betriebenen Bergbau zurück. Dabei wurden Bleiglanz, Zinkblende, Galmei (Hydrozinkit mit Beimengungen von Zinkspat) und als Nebenprodukte Silber, Eisenerz und Quecksilber abgebaut. Die beiden produktiven Hauptstollen lagen allerdings in der Umgebung der Königsbergalm.

Vor dem Abstieg zur Königstalalm sind im weiteren Almbereich zahlreiche Blaiken zu erkennen, die das Problem der Bodenerosion augenfällig machen. Über der Königstalalm erhebt sich die Wand der Rotspielscheibe, in der eine Wechsellagerung von Rotkalken mit Dachsteinkalk zu bemerken ist. Diese Wechsel werden mit sedimentären Eingleitungen von Dachsteinkalkspänen zu verschiedenen Zeiten des Lias während der Rotkalksedimentation erklärt. Der Abstieg zur Königstalalm verläuft in weiten Teilen durch den Bereich einer größeren Rutschung, kleinere Nachrutschungen sind entlang des Weges zu bemerken (Quelle). Im Talbereich quert der Weg dann die abgelagerte Rutschmasse. Das Königstal wie auch das sich unterhalb anschließende Maisangerl ist glazial überprägt und zu einem U-Tal ausgeformt. In den Serpentinen des Weges zwischen den Tälern ist Dachsteinkalk in lagunärer Fazies aufgeschlossen, typisch sind die zahlreichen Megalodonten.

Weiter über das Gebiet der Königsbachalm und den Königsweg zur Mittelstation der Jennerbahn (vgl. dazu Beschreibung des Wandervorschlags zur Gotzenalm) oder über den Hochbahnweg zum Dorf Königssee.

Vom Parkplatz Hinterbrand über den Unteren Hirschenlauf zur Gotzenalm, zurück über die Forststraße und Königsbachalm

Beginnend am Parkplatz Hinterbrand führt der Weg zunächst durch Moränengelände bis schließlich unter der Deckschicht Juragesteine zutage treten. Zunächst erscheint Radiolarit, in der Störungszone des Weidbaches dann Fleckenmergel. Ab dem Weidbach sind die Juragesteine wieder verhüllt, erst unterhalb des Hugo-Beck-Hauses stehen Fukoidmergelkalke an. Kurz hinter der Wasserfallalm finden sich Filamentkalke und Mergel des Dogger. Getrennt durch eine Störung folgen rote Knollenflaserkalke. Nach einer weiteren Störung stehen in der Umgebung des Strubkopfes Crinoidenkalke der Fleckenmergelserie an; der Strubkopf selbst ist aus Dachsteinkalk aufgebaut. In den darüberliegenden Almhängen stehen gebankte Hornsteinknollenkalke an. Im weiteren Wegeverlauf dominiert bis zum Priesberger Moos wieder die Überdeckung durch Moräne. Das Priesberger Moos selbst ist als Hochmoor anzusprechen, das durch mehrere Moränenwälle begrenzt wird, die Rückzugsstadien lokaler Seitengletscher des großen Königsseegletschers dokumentieren. Während der bewaldete Bergsturz vom Farrnleitenruck pollenanalytisch auf

Das Priesberger Moos im Hagengebirge. Durch die Gesteinsbrocken heben sich die Moränenwälle von der Umgebung ab.

ca. vor 5000 Jahren datiert wurde, ereignete sich der frische Felssturz aus der Mooswand im Herbst 1989. Im Frühjahr 1990 erfolgten kleinere Nachbrüche. Auf der Priesbergalm markiert der Wanderweg in etwa den Höchststand der würmeiszeitlichen Vergletscherung des Königsseetales. Rechter Hand bedecken Moränenblöcke das Almgelände, gegen die Roßfelder fehlen diese Blöcke jedoch nach wenigen Metern und es treten Fleckenmergel und in den höheren Bereichen Radiolarite auf.

Weiter durch den Abwärtsgraben und Stiergraben, dessen Bruch parallel zu dem des Obersees verläuft, über den Unteren Hirschenlauf zur Seeaualm. Entlang dem Versorgungsweg zur Gotzenalm ist ab der vorletzten Kurve vor dem Plateau der Gotzenalm ein vollständiges Juraprofil aufgeschlossen. Es beginnt mit Rotkalken, darüber folgen Fleckenmergel. Diese zeigen eine Fülle von internen Sedimentstrukturen wie Schrägschichtungskörper und Wickelschichtungen, daneben sind deutlich synsedimentäre Prozesse wie Rutschungen und Eingleitungen von Fleckenmergel in Fleckenmergel mit einhergehenden Beanspruchungszonen dokumentiert. Gegen das Hangende folgt ein konkordanter Übergang in den Radiolarit mit ebenfalls zahlreichen internen Strukturen. In der letzten Kurve vor der Gotzenalm vollzieht sich ein allmählicher Übergang des Radiolarits in kieselige, neritische Kalke des obersten Jura.

Abstecher zum Aussichtspunkt Feuerpalfen: Von dort guter Überblick über das Tal des Königssees und die gegenüberliegende Watzmann-Ostwand mit dem Schwemmfächer von St. Bartholomä. Im oberen Wandbereich ist deutlich die für die lagunäre Fazies des Dachsteinkalkes typische Bankung zu erkennen.

Rundblick von der Gotzenalm (von West über Süd nach Ost): Hundstod, westliches Steinernes Meer mit dem wie ein Zeugenberg aufgesetzten Rotwandl, Funtenseetauern, Hochkönig mit der „Übergossenen Alm“ und schließlich im Osten zu den „Roten Wänden“ des Hochlaafelds, die ihre Bildung komplexen sysnsedimentären jurassischen Prozessen verdanken. Die Wände werden vom Kahlersberg überragt, der höchsten Erhebung des Hagengebirges. Zurück auf dem Güterweg und der Forststraße zur Gotzentalalm, deren Tal hängend im Königsseetal endet.

Am Anstieg aus dem Gotzental entlang der Forststraße überwiegt die Moränenüberdeckung. Erst in der Kurve bei der Wegverflachung steht tirolischer Dachsteinkalk an. Weiter bis zur Königsbachalm folgt ein sehr gut aufgeschlossenes Profil durch den tieferen Teil der Torrener-Joch-Zone, das zunächst mit deutlichen Vernässungen im Gelände auf Haselgebirge beginnt. Als nächstes Schichtglied ist der steilstehende Dachsteinkalk der Torrener-Joch-Zone mit einzelnen Loferiten entlang der Leitplanke aufgeschlossen. Danach erscheint wieder ein schmaler Streifen Haselgebirge, auf den dunkle anisische Kalke und Dolomite folgen. Nach einer Störung sind Hallstätter Kalke auf-

Blick vom Feuerpalfen.

geschlossen, anschließend erscheinen in einem kleinen Vorkommen Raibler Schichten. Den Abschluß in diesem Profil bilden karnische Kalke und Dolomite, wiederum gefolgt von Haselgebirge. Die Gesteine des ganzen hier beschriebenen Profils sind tektonisch sehr stark beansprucht und makroskopisch nur äußerst schwer korrekt anzusprechen.

Abstecher zur Westseite der Büchsenalm: Im Gegensatz zu dem beschriebenen Juraprofil entlang der Gotzenstraße ist hier ein stark kondensiertes Profil anzutreffen. Über roten Knollenkalken folgt direkt grauer Radiolarit, der wiederum von Tauglbodenschichten überlagert wird. Die in den Tauglbodenschichten auftretenden Dachsteinkalkblöcke sind für die auffällige kleinräumige Morphologie der Büchsenalm verantwortlich.

Weiter zurück über die Königsbachalm zum Ausgangspunkt bzw. über den Hochbahnweg zum Dorf Königssee.

Nach heftigen Regenereignissen können Teile des Schuttkörpers im Wimbachtal in Bewegung geraten.

Durch das Wimbachtal und über Trischübel nach St. Bartholomä

Das Wimbachtal ist das mittlere der drei Haupttäler des Nationalparkes Berchtesgaden. Es erstreckt sich in nahezu nord-südlicher Richtung zwischen dem Watzmann im Osten und dem Hochkalter im Westen. Gegen Süden schließt das Steinerne Meer an, der Große Hundstod mit 2593 m Höhe ist dort der beherrschende Berggipfel.

Neben der Klamm am Talausgang, ist der zum Teil über 300 Meter mächtige und mehr als 10 km lange Schuttstrom das prägende Landschaftselement. Bei starken Niederschlägen kann das Regenwasser nicht mehr im Schuttkörper versickern, es fließt oberflächig ab. Dabei geraten einzelne Bereiche des Schuttstromes in Bewegung, kleinräumige Umgestaltungen sind die Folge. Es entstehen neue Eintiefungen, Rinnen und Böschungen, an anderer Stelle werden dagegen große Flächen mit dem umgelagerten Material überschüttet. So ist der Schuttstrom ständigen Veränderungen unterworfen. Letztendlich zerkleinern in der Wimbachklamm die Einwirkungen des Wassers die talwärts transportierten Gesteinsbruchstücke: durchschnittlich 4500 Tonnen aufgearbeiteten Materials verlassen jedes Jahr das Tal.

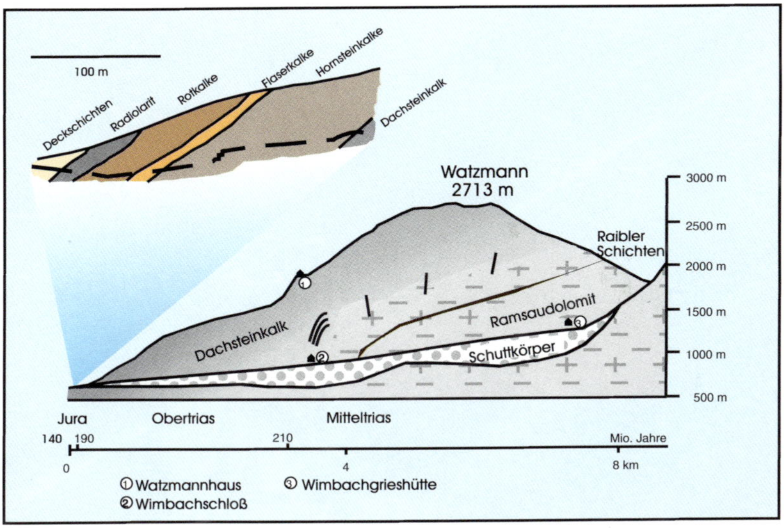

Geologisches Profil Watzmann und Wimbachtal (Geländeaufnahme Schuttkörper: Bayer. Geol. Landesamt, München, 1978).

Die Wimbachklamm hat sich erst mit Abschmelzen des Talgletschers vor etwa 10 000 Jahren eingeschnitten. Zunächst war das Tal durch eine Schwelle nach Norden begrenzt, hinter der sich das Schmelzwasser des Gletschers staute. Zeugen davon sind Seetone, die in ruhigem Wasser abgelagert wurden und heute in hellen Streifen südlich der Klamm an der Watzmannseite zu sehen sind. Als der aufgestaute See über die Schwelle abfließen konnte, begann auch das Einschneiden des Wimbaches in die Klamm und in sein heutiges Bett; der See entleerte sich zunehmend.

Das Wimbachtal ist als Grabenbruch im Scheitel der großen Falte Watzmann – Hochkalter anzusprechen, die südlich der Ramsauer Ache unter die höheren tektonischen Einheiten abtaucht. Dabei verläuft die Grenze Tirolikum zu Tiefjuvavikum im Wimbachtal etwa am Beginn der Wimbachschlucht. Dieser Höhenlage folgend biegt sie um die nördlichen Bereiche von Hochkalter und Watzmann. Die Deckengrenze Tiefjuvavikum zu Hochjuvavikum ist in der Umgebung der Ramsauer Ache und der Bundesstraße zu suchen, die Hänge nördlich der Ramsauer Ache gehören schon zur Berchtesgadener Einheit.

Vom Weg Parkplatz Wimbachbrücke zur Wimbachklamm sind östlich des Wimbaches mehrere Anrisse zu erkennen, in denen ausgelaugtes Haselgebir-

In der Wimbachklamm.

Die Wimbachgrieshütte.

ge ansteht. In den höheren Bereichen wird es von Moräne und fluviatilem Material sowie von Hangschutt überlagert. In der Klamm selbst ist ein Juraprofil aufgeschlossen, auch wird durch das Einfallen der Schichten das Abtauchen des Tirolikums unter die höheren tektonischen Einheiten deutlich. Klammaufwärts sind vom Hangenden in das Liegende aufgeschlossen: roter und grüner Kieselkalk (Radiolarit), dann, nach einer Aufschlußlücke mit einer intraformationellen Brekzie beginnend, hellgraue bis bunte Crinoidenkalke, rote Flaserkalke in Adneter Fazies und dunkle Hornsteinknollenkalke. In dem Bereich der Hornsteinknollenkalke ereignete sich im Januar 1987 ein Felssturz, der die Weganlage zerstörte und den Wimbach zeitweilig aufstaute. Am Ausgang der Klamm liegt der Übergangsbereich Hornsteinknollenkalke zu Dachsteinkalk.

Weiter talaufwärts sind rechts des Wegs in der Böschungsverbauung Moränenblöcke aus Dachsteinkalk verwendet worden, die zahlreiche Megalodonten in verschiedenen Schnittlagen zeigen.

In Höhe des Wasserbehälters (Karte: Wbh) besteht die Möglichkeit, auf den Schuttstrom hinauszugehen, der eine Mächtigkeit von bis zu 300 Metern erreicht.

St. Bartholomä

Im Bereich des anstehenden Dachsteinkalkes bestimmen Steilwände die Talflanken, das Tal ist als typisches glaziales U-Tal ausgebildet. Dagegen treten die Hänge im hinteren Talbereich deutlich zurück, was durch die Verwitterungseigenschaften des Ramsaudolomits bedingt ist.

Die Grenze Dachsteinkalk zu Karnisch-Norischem Dolomit wird kurz nach dem Wimbachschloß erreicht, von da an dominieren an den Talflanken Schuttrinnen und -reißen sowie die für Dolomitgesteine typische Schroffenbildung, wie sie auch am Talschluß bei den Palfelhörnern im Ramsaudolomit deutlich wird.

Nach Überqueren der von St. Bartholomä heraufziehenden Störungszone (Banngraben), steht wieder tirolischer Dachsteinkalk an. Zwischen Trischübel und Sigeretplatte sind vereinzelt Korallen im ansonsten in lagunärer Fazies ausgebildeten Dachsteinkalk aufzufinden. Am Abstieg von der Schrainbach-Holzstube bis zum Schwemmfächer von St. Bartholomä ist der Dachsteinkalk dann in typischer Lagunenfazies aufgeschlossen, an zahlreichen Stellen entlang des Weges sind Loferite zu erkennen.

St. Bartholomä liegt auf einem Schwemmfächer aus dem Schutt des Karnisch-Norischen Dolomits, der im tieferen Teil der Watzmann-Ostwand ansteht. Aufgrund des relativ kleinen Vorkommens werden jedoch bei weitem nicht die Ausmaße an Schuttfüllung wie im Wimbachtal erreicht, dennoch wird in geologischer Zukunft der Königssee zweigeteilt werden.

Die unterschiedlichen Verwitterungsformen von Kalkgestein und Dolomitgestein sind im Wimbachtal besonders deutlich zu erkennen. Während der Kalk durch Regenwasser gelöst wird und verkarstet, zerlegt die Frostsprengung den Dolomit in kleinen Grus. Sie findet ihren Ansatz in zahllosen Klüften, die während der Gebirgsbildung entstanden sind, da der Dolomit ein sehr sprödes Gestein ist. Der weichere Kalk dagegen reagierte auf den Gebirgsdruck mit Faltenbildung. Oberhalb des Wimbachschlosses an der Watzmannseite ist dieser Unterschied deutlich zu sehen: Neben einer großen Falte im Dachsteinkalk bildet der Dolomit Rinnen und Felstürme. So liefert der Ramsaudolomit im Bereich des Talschlusses ständigen Nachschub für den Schuttstrom.

Literaturverzeichnis

ABELE, G. (1974): Bergstürze in den Alpen. – Wiss. Alpenvereinshefte, 25, 230 S., München.

ABERLE, C. (1867): Über Keils geogn. kol. topogr. Reliefkarte des größten Teils der Salzburger Alpen. – Ges. f. Salzb. Landesk. VII.

AMPFERER, O. (1927): Über den Westrand der Berchtesgadener Decke. – Jahrb. Geol. B.-A., 77, 205 – 232, Wien.

BARTH, W. (1966): Geologie der Hochkaltergruppe in den Berchtesgadener Alpen (Nördliche Kalkalpen). – Diss., 89 S., Berlin.

BARTH, W. (1968): Die Geologie der Hochkalter-Gruppe in den Berchtesgadener Alpen (Nördliche Kalkalpen). – N. Jb. Geol. Paläont., 131, 2, 119 – 177, Stuttgart.

BARTHEL, D. (1987): Geologische Aufnahme des MaB 6 – Testgebietes Ramsau, westlicher Teil. – Unveröff. Diplomarbeit Philipps – Univ. Marburg.

BAUBERGER, W., PICHLER, D. (1963): Zur Geologie der Berchtesgadener Alpen. – Beiheft Geol. Jahrb.,48, S. 129, Hannover.

BAYER. GEOL. LANDESAMT (Hrsg., 1978): Geol. Kte. v. Bayern 1: 100 000; Bl. 667, Bad Reichenhall. – München.

BITTNER, A. (1883): Der Untersberg und die nächste Umgebung von Golling. – Verh. Geol. R.-A., 200 – 204, Wien.

BITTNER, A. (1885): Aus den Salzburger Kalkhochgebirgen. – Verh. Geol. R.-A., 99 – 113, Wien.

BITTNER, A. (1885): Zur Geologie und über die Plateaukalke des Untersberg. – Verh. d. K. K. R.-A. Kl., 101, 228 – 229, Wien.

BODECHTEL, J., JASKOLLA, F., KOHLHAMMER, G., TOMSCHI, H.P. & VOLK, P. (1984): Zur Tektonik des Gebietes westlich des Königssees / Berchtesgadener Alpen. – Geol. Rdsch., 73, 337 – 349, Stuttgart.

BÖGEL, H. (1971): Beitrag zum Aufbau der Reiteralmdecke und ihrer Umrandung (Berchtesgadener Alpen). – Diss.-Auszug Fak. Allg. Wiss. Techn. Univ. München.

BÖGLI, A. (1978): Karsthydrographie und physische Speläologie. – 292 S., zahlr. Abb. u. Tab., 12 Taf., Berlin, Heidelberg, New York (Springer).

BOLZ, H. (1967): Zur Geologie von Kehlstein und Obersalzberg (Berchtesgadener Alpen). – Unveröffentl. Diplomarbeit TU Berlin.

BÖSE, E. (1895): Zur Gliederung der Trias im Berchtesgadener Land. – N. Jb. Min. Geol. Paläont., 1, 218 – 220, Stuttgart.

BÖSE, E. (1898): Die Berchtesgadener Trias und ihr Verhältnis zu den übrigen Triasbezirken der nördlichen Kalkalpen. – Ztschr. dt. Geol. Ges. 50/51, S. 468.

BRAUN, R. (1992): Die Geologie des nordöstlichen Kehlsteins, Berchtesgadener Alpen. – Unveröff. Dipl.-A. Philipps – Univ. Marburg.

BUCH, L. v. (1802): Geognostische Beobachtungen auf Reisen durch Deutschland und Italien. Bd. 1, Berlin (Hande und Spener).

DEL-NEGRO, W. (1950): Geologie von Salzburg. – Innsbruck.

DEL-NEGRO, W. (1958): Der Deckenbau der Salzburger Kalkalpen. – Verh. Geol.B.-A., 86 – 89, Wien.

DEL-NEGRO. W. (1971): Zur Deckennatur des Hallstätter Bereichs um Dürrnberg. – Bericht Haus Natur Salzburg, Abt. B, 2, 3 – 6, Salzburg.

DEL-NEGRO. W. (1972): Zur tektonischen Stellung des Hohen Göll (Salzburger Kalkalpen). Verh. Geol. B.- A., 309 – 314, Wien.

DIERSCHE, V. (1980): Die Radiolarite des Oberjura im Mittelabschnitt der Nördlichen Kalkalpen. – Geotekt. Forschungen, 58, 217 S., Stuttgart.

DÜRR, E. (1970): Kalkalpine Sturzhalden und Sturzschuttbildungen in den westlichen Dolomiten. – Tübinger geogr. Studien, 37, 120 S., Tübingen.
FABRICIUS, F. (1966): Beckensedimentation und Riffbildung an der Wende Trias/Jura in den Bayrisch-Tiroler Kalkalpen. – Intern. Sed. Petr. Series, 9, 143 S., Leiden.
FERNECK, F. (1962): Stratigraphie und Fazies im Gebiet der mittleren Saalach und des Reiteralmgebirges. – Diss. Auszug Fak. Allg. Wiss. Techn. Hochsch. München.
FISCHER, A.G. (1964): The Lofer Cyclothems of the Alpine Triassic. – Kansas Geol. Surv. Bull., 169, 107 – 149, 38 Abb., Lawrence, Kansas.
FISCHER, K. (1985): Das Funtensee – Uvala im Steinernen Meer. – NPV Berchtesgaden, Forsch.- Ber., 7, 23 – 36, Berchtesgaden.
FISCHER, R. (1969): Roter Ammonitenkalk und Radiolarit aus dem unteren Dogger der Kammerkehr (Nordtirol). – Mitt. Bayer. Staatssaml. Paläont. etc., 9, 93 – 116, München.
FLÜGEL, E. 1978): Mikrofazielle Untersuchungsmethoden von Kalken. – 454 S., Berlin (Springer).
FLURL, M. v. (1792): Beschreibung der Gebirge von Bayern und der oberen Pfalz . – 1 petr. Kt., München (J. Lentner).
FRISCH, J. (1975): Sedimentologische, lithofazielle und paläogeographische Untersuchungen in den Reichenhaller Schichten und im Alpinen Muschelkalk der Nördlichen Kalkalpen zwischen Lech und Isar.-Jb. Geol. B.-A., 118, 76 – 110, Wien.
FROH, H.J. (1976): Untersuchungen zur Rhythmik, Fazies und Geochemie des Dachsteinkalkes der Berchtegadener Alpen (Nördliche Kalkalpen). – Unveröffentl. Diss. TU München.
FROH, J., GÖKDAG H. (1973): Die tektonische Stellung der Reiteralpmasse in den Berchtesgadener Alpen. – Bericht Arbeitsbespr. Geotraverse I A.
FÜCHTBAUER, H. (1967): Die Sandsteine in der Molasse nördlich der Alpen. – Geol. Rdsch., 56, S. 266 – 300, Stuttgart.
FUGGER, E. (1880): Der Untersberg. – Zeitschr. d. D. u. Öst. Alpenv.
FUGGER, E. (1903): Geol. Spezialkarte, Bl. Hallein – Berchtesgaden samt Erläuterungen. – Wien.
GANSS, O. (1939): Tektonik und alte Landoberflächen der Dachsteingruppe. – Jb. d. Zweigstelle Wien d. Reichstelle f. Bodenforschung, 89, 3 u. 4, S. 357 – 377, Wien.
GANSS, O. (1951): Geologische Exkursion in die Berchtesgadener Alpen. – Geol. Bavarica.
GANSS, O. & GRÜNFELDER, S. (1974): Geologie der Berchtesgadener und Reichenhaller Alpen. – Berchtesgaden (Plenk).
GERMANN, K. (1972): Verbreitung und Entstehung manganreicher Gesteine im Jura der Nördlichen Kalkalpen. – Tschermaks Min. Petr. Mitt., 17, 3, 123 – 150, Wien.
GILLITZER, G. (1912): Geologischer Aufbau des Reiteralpgebirges im Berchtesgadener Land. – Geognost. Jahreshefte, 25, 161 – 227, München.
GOLDBERGER, J. (1955): Die Altlandschaft auf dem Hochkönig. – Mitt. d. Geogr. Ges., 97, S. 183 – 191, Wien.
GRUSS, H. (1958): Exhalativ-sedimentäre Manganknollenlagerstätten (mit besonderer Berücksichtigung der liassischen Vorkommen in den Berchtesgadener und Salzburger Alpen). – N. Jb. Min. Abh., 92, 47 – 107, Stuttgart.
GUDDEN, H. (1969): Über Manganerzvorkommen in den Berchtesgadener und Salzburger Alpen. – Erzmetall, 22/10, 482 – 488, Stuttgart.
GÜMBEL, C. W. v. (1857): Untersuchungen in den bayerischen Alpen zwischen Isar und Salzach. – Jb. Geol. R.-A., 8, 146 – 151, Wien.
GÜMBEL, C. W. v. (1861): Geognostische Beschreibung des bayerischen Alpengebirges. – Gotha (Perthes).
HABER, G. (1934): Bau und Entstehung der bayerischen Alpen. – München (Beck).
HAGN, H. (1971): Über Gosaugerölle mit Großforaminiferen der höchsten Oberkreide aus der subalpinen Molasse des bayerischen Alpenvorlandes. – Mitt. Bayer. Staatssamml. Paläont. hist. Geol., 11, S. 17 – 32, Taf. 4, München.
HAGN, H. (1972): Über kalkalpine paläozäne und untereozäne Gerölle aus dem bayerischen Alpenvorland. – Mitt. Bayer. Staatssamml. Paläont. hist. Geol., 12, S. 113 – 124, 1 Abb., Taf. 7 – 8, München

HAGN, H. (1983): Die Kreide und Alttertiärgerölle des Wachtberg-Schotters (Ottnang, subalpine Molasse) N Salzburg. – Mitt. Bayer. Staatssamml. Paläont. hist. Geol., 23, S. 125 – 147, Taf. 1 – 3, München.
HAGN, H. & MOUSSAVIAN, E. (1980): Die Gosau- und Alttertiärgerölle des Westerbuchbergs (Unt. Eger, Subalpine Molasse Chiemgau). – Mitt. Bayer. Staatssamml. Paläont. hist. Geol., 20, S. 137 – 157, 2 Abb., Taf. 11 – 12, München.
HAHN, H.-D. (1985): Die Geologie des Hagengebirges zwischen Torrener Joch, Fagstein und Windschartenkopf (Berchtesgadener Alpen). – Unveröff. Dipl.- A. Philipps – Univ. Marburg.
HÄUSLER, H. & BERG, D. (1980): Neues zur Stratigraphie und Tektonik der Hallstätter Zone am Westrand der Berchtesgadener Masse. – Verh. Geol. B.-A., 1980, 2, 63 – 95, Wien.
HERM, D. (1958): Die Gosau Bad Reichenhalls. – Unveröffentl. Diplomarbeit TU München.
HERM, D., A. v. HILLEBRANDT, H. PICHLER, H. ZANKL, W. ZEIL (1960): Exkursion C1: Stratigraphie, Fazies und Tektonik der Berchtesgadener Alpen. – Hektogr. Dt. Geol. Ges.
HILLEBRANDT, A. v. (1962): Das Alttertiär im Becken von Reichenhall und Salzburg (Nördliche Kalkalpen). – Z. dt. geol. Ges., 113, 339 – 358, Hannover.
HÖCK, V. & SCHLAGER, W. (1964): Einsedimentierte Großschollen in den jurassischen Strubbergbreccien des Tennengebirges (Salzburg). – Anz. Österr. Akad. Wiss. math.-nat. Kl, 101, 228 – 229, Wien.
HOHENEGGER, J. & PILLER, W. (1975): Ökologie und systematische Stellung der Foraminiferen im gebankten Dachsteinkalk (Obertrias des nördlichen Toten Gebirges, Oberösterreich). – Paleo – 3, 18, 241 – 276, Amsterdam.
JASKOLLA, F., KOHLHAMMER, G. & SCHMOLIN, J. (1985): Zur Geologie des Funtenseegebietes. – NPV Berchtesgaden, Forsch.-Ber., 7, 7 – 22, Berchtesgaden.
JENKYNS, H. C. (1974): Origin of the red nodular limestone (Ammonitico rosso, Knollenkalk) in the Mediterranean Jurassic: a diagenetic model. – Spec. Publ. Int. Ass. Sed., 1, 249 – 271, Oxford.
JOHANNES, W. (1970): Zur Entstehung von Magnesitvorkommen. – N. Jb. Miner. Abh., 113, 274 – 325, Stuttgart.
JURGAN, H. (1962): Zur Geologie der Watzmann-Nordzone. – Unveröffentl. Diplomarbeit LMU München.
JURGAN, H. (1969): Sedimentologie des Lias in den Berchtesgadner Kalkalpen. – Geol. Rdsch., 58, 464 – 501, Stuttgart.
KLEBELSBERG, R. v. (1948/49): Handbuch der Gletscherkunde und Glazialgeologie. – 2 Bände, 1028 S., Wien.
KLINGHARDT, F. (1939): Das geologische Alter der Riffe des Lattengebirges. – Z. dt. geol. Ges., 91, 131 – 140, Berlin.
KLINGHARDT, F. (1944): Das Krönner Riff (Gosauschichten) im Lattengebirge. – Mitt. Geol. Ges. Wien (Mitt. Alpenländ. geol. Ver.), 35 (1942), 179 – 214, Wien.
KNAPCZYK, H. (1984): Der Untersberg bei Salzburg. – Diss. Univ. Salzburg, 338 S., zahlr. Abb., Taf. u. Karten, Salzburg.
KOHLHAMMER, G. (1982): Erarbeitung der Grundlagen für eine geologische Karte des Gebietes um den Watzmann – Abschlußbericht zur Kartierung des Gebiets um den Funtensee. – 107 S., LMU München.
KRIEG, W. (1954): Höhlen und Niveaus. – Die Höhle, 5, S. 1 – 4, Wien.
KUHN, O. (1954): Geologie von Bayern. – Bayerischer Landwirtschaftsverlag , München.
KÜHNEL, J. (1925): Zur tektonischen Stellung des Gölls im Berchtesgadener Land. – Geologische Rundschau, 16, 378 – 383, Berlin.
KÜHNEL, J. (1929): Darstellung der Geologie des Berchtesgadener Salzberges mit Zusätzen zum Bau des Roßfeldes. – N. Jahrb. f. Miner. usw., Beil.-Bd. B, 61, 447 – 559, Stuttgart.
LANGENSCHEIDT, E. (1981): Die Geologie zwischen Fagstein und Königssee in den Berchtesgadener Alpen. – Unveröff. Dipl.-A. Philipps – Univ. Marburg.
LANGENSCHEIDT, E. (1985): Höhlen und ihre Sedimente, Dokumente der Landschaftsentwicklung in den Nördlichen Kalkalpen. – 194 S., Abschlußbericht zum Projekt der NPV Berchtesgaden.

LANGENSCHEIDT, E. (1986): Höhlen und ihre Sedimente in den Berchtesgadener Alpen. – Nationalpark Berchtesgaden, Forschungsbericht 10, 95 S., zahlr. Abb. u. Taf., Berchtesgaden (Plenk).
LANGENSCHEIDT, E. (1987): Geomorphodynamische Kartierungen sowie deren Auswertung hinsichtlich der Ausgrenzung von Gefahrenzonen in den Mab 6 – Testgebieten Funtensee, Jenner, Ramsau und Untersberg. – Fachbereichsbericht FB 06 Geologie des MaB 6-Projektes, Freising.
LANGENSCHEIDT, E. (1988): Ingenieurgeologisch-felsmechanische Charakterisierung der verbreitetsten Festgesteine im Alpenpark Berchtesgaden. – Fachbereichsbericht FB 06 Geologie des MaB 6-Projektes, Freising.
LEBLING, C. (1911): Geologische Beschreibung des Lattengebirges im Berchtesgadener Land Geogn. Jh., XXIV. Jg., S. 33 – 103 (mit geol. Karte 1 : 25000 und Profilen), München.
LEBLING, C. (1914): Über die Herkunft der Berchtesgadener Schubmasse. – Geol. Rundschau.
LEBLING, C. HABER, G., HOFFMANN, E., KÜHNEL, J. & WIRTH, E. (1935): Geologische Verhältnisse des Gebirges um den Königssee. – Abh. d. geol. Landesuntersuchung am Bayer. Oberbergamt, 20, 1 – 46, München.
LEIN, R. (1975): Neue Ergebnisse über die Stellung und Stratigraphie der Hallstätter Zone südlich der Dachsteindecke. – Sitzber. Österr. Akad. Wiss., mathnatwiss. Kl., Abt. 1, 183, Wien.
LEMCKE, K. (1984): Geologische Vorgänge in den Alpen ab Obereozän im Spiegel vor allem der deutschen Molasse. – Geol. Rdsch., 73, 1, S. 371 – 398, Stuttgart.
LICHTENECKER, N. (1926): Die Rax.- Geogr. Jb. a. Österr., 13, S. 150 – 170, Wien.
LICHTENECKER, N. (1938): Beiträge zur morphologischen Entwicklungsgeschichte der Ostalpen. 1. Teil: Die nordöstlichen Alpen. – Geogr. Jber. Österr., 19, S. 1 - 82, Wien.
LILIENBACH, L. v. (1830): Ein Durchschnitt aus den Alpen mit Hindeutung auf die Karpathen. – Leonhard Jb. Mineral., Geogn. etc., 1, 153 – 220, Heidelberg.
MEDWENITSCH, W. (1949): Probleme der alpinen Salzlagerstätten. – Montanzeitung Nr. 5, Jg. 94, H. 3.
MEDWENITSCH, W. (1961): Die Bedeutung der Grubenaufschlüsse des Halleiner Salzberges für die Geologie des Ostrandes der Berchtesgadener Schubmasse. – Z. dt. Geol. Ges., 113, 463 – 494, Hannover.
MERZ, M. (1987): Geologische Aufnahme des MaB 6-Testgebietes Ramsau, östlicher Teil. – Unveröff. Diplomarbeit Philipps – Univ. Marburg.
MICHAEL, J., OETKEN, S., PACKMOHR, B. & STAUDT, W. (1988): Geologische Karte des Untersberges. – Zusammengestellte Diplomkartierungen, Philipps – Univ. Marburg.
MOUSSAVI, R. (1985): Die Geologie des mittleren Abschnitts der Torrener-Joch-Zone zwischen Jenner-Bergstation und Oberjoch-Alm (auf der österreichischen Seite). – Unveröff. Dipl.-A. Philipps – Univ. Marburg.
OTHOLT, D. (1987): Die Geologie zwischen der Königsseer Ache, der Scharitzkehl und dem Hohen Brett. – Unveröff. Dipl.-A. Philipps – Univ. Marburg.
PENCK, A. & BRÜCKNER, E. (1909): Die Alpen im Eiszeitalter. – Bd. 1, 393 S., Leipzig.
PENCK, A. (1885): Das Land Berchtesgaden: Die Oberflächengestaltung und ihre Entstehung. Ztschr. DÖAV, 16, S. 217 – 265.
PICHLER, H. (1963): Geologische Untersuchungen im Gebiet zwischen Roßfeld und Markt Schellenberg im Berchtesgadener Land. – Beih. Geol. Jb., 48, 129 – 204, Hannover.
PILLER, W. (1978): Involutinacea (Foraminifera) der Trias und des Lias. – Beiträge zur Paläontologie von Österreich: Inst. f. Paläont. d. Univ. Wien (Hrsg.), 5, Wien.
PLÖCHINGER, B. (1953): Ein geologisches Profil durch die Salzburgischen Kalkalpen. – Mitt. Geol. Ges. Wien, 44, 265 - 266, Wien.
PLÖCHINGER, B. (1955): Zur Geologie des Kalkalpenabschnittes vom Torrener Joch zum Ostfuß des Untersberges; die Göllmasse und die Halleiner Hallstätter Zone. – Jb. Geol. Bundesanstalt, 98, 1, 93 – 144, Wien.
PLÖCHINGER, B. (1983): Salzburger Kalkalpen. – Sammlung. Geologischer Führer, 73, 144, Bornträger, Stuttgart.

RATHJENS, C. (1939): Geomorphologische Untersuchungen in der Reiteralm und im Lattengebirge im Berchtesgadener Land. – Mitt. Geogr. Ges., 32, S. 15 – 86, 4 Abb., 2 Kt., München.
RIECHE, J. (1971): Die Hallstätter Kalke der Berchtesgadener Alpen. – Diss. Techn. Univ. Berlin.
ROSSNER, R. (1972): Die Geologie des nordwestlichen St. Martiner Schuppenlandes am Südostrand des Tennengebirges (Oberostalpin). – Erlanger geol. Abh., 89, 57 S., Erlangen.
SALZBURGER HÖHLENBUCH, Bd. 1 (1975): Hrsg.: Landesverein für Höhlenkunde in Salzburg, 335 S., Salzburg (Landesverein für Höhlenkunde).
SALZBURGER HÖHLENBUCH, Bd. 2 (1977): Hrsg.: Landesverein für Höhlenkunde in Salzburg, 348 S., Salzburg (Landesverein für Höhlenkunde).
SALZBURGER HÖHLENBUCH, Bd. 3 (1979): Hrsg.: Landesverein für Höhlenkunde in Salzburg, 487 S., Salzburg (Landesverein für Höhlenkunde).
SANDER, B. (1936): Beiträge zur Kenntnis der Anlagerungsgefüge (Rhythmische Kalke und Dolomite aus der Trias). – Tschermaks Min. Petrograph. Mitt., 48, 27 – 139, Leipzig.
SCHÄFER, P. (1978): Fazielle Entwicklung und palökologische Zonierung zweier obertriadischer Riffstrukturen in den Nördlichen Kalkalpen („Oberrhät"-Riffkalke, Salzburg). – Diss. Univ. Erlangen, 263 S., Erlangen.
SCHAFHÄUTL, C. E. (1851): Geognostische Untersuchungen des südbayerischen Alpengebirges. – München 1851.
SCHANG, H. (1983): Die Geologie des Jenners zwischen Königssee und Torrener Joch (Berchtesgadener Alpen). – Unveröff. Dipl.-A. Philipps – Univ. Marburg.
SCHAUBERGER, O. (1955): Über die vertikale Verteilung der nordalpinen Karsthöhlen. – Mitt. d. Höhlenkommission, 1, S. 21 – 28, Wien.
SCHERZER, H. (1927): Geologisch-botanische Wanderungen durch die Alpen. Bd. 1: Das Berchtesgadener Land. – München.
SCHLAGER, W. (1967): Hallstätter und Dachsteinkalk-Fazies am Gosaukamm und die Vorstellung ortsgebundener Hallstätter Zonen in den Ostalpen. – Verh. Geol. B.-A., 50 – 70, Wien.
SCHLESINGER, B. (1974): Über die Schutteinfüllung im Wimbachgries und ihre Veränderung. – Münchener Geogr. Abh., 14, 74 S., München.
SCHMOLIN, J. (1978): Zur Geologie des Gebietes südlich des Grünsees (Steinernes Meer). – Unveröff. Dipl.-A. TU München.
SCHNEIDER, Th. (1979): Geomorphologische Aufnahme des Gotzengebirges und westlichen Hagengebirges. – Unveröff. Ex. Arb. Univ. Augsburg.
SCHÖLL W. U. & WENDT, J. (1971): Obertriadische und jurassische Spaltenfüllungen im Steinernen Meer (Nördliche Kalkalpen). – N. Jb. Paläont. Abh., 139/1, 82 – 98, Stuttgart.
SEEFELDNER, E. (1926): Zur Morphologie der Salzburger Alpen. – Geogr. Jb. aus Österr., 13, S. 107 – 149, Wien.
SEEFELDNER, E. (1933): Zur Altersfrage der Abtragungsflächen in den nördlichen Ostalpen. – Mitt. d. Österr. Geogr. Ges., 76, S. 128 – 150, Wien.
SEEFELDNER, E. (1934): Die alten Landoberflächen der Salzburger Alpen. – Ztschr. f. Geomorph., 8, S. 157 – 198.
SEEFELDNER, E. (1952): Die Entwicklung der Salzburger Alpen im Jungtertiär. – Mitt. d. Österr. Geogr. Ges., 94, S. 179 – 194, Wien.
SEEFELDNER, E. (1961): Salzburg und seine Landschaften: Eine geographische Landeskunde. – 573 S., 26 Abb., 67 Photos, Beil., Salzburg (Bergland-Verlag).
SEYFRIED, H. (1980): Über die Bildungsbereiche mediterraner Jurasedimente am Beispiel der Betischen Kordillere (Südost-Spanien). – Geol. Rdsch., 69, 1, 149 – 178, Stuttgart.
SIEWERT, W. (1973): Zur Tektonik der nördlichen Ausläufer des Steinernen Meeres (Gebiet um den Hochkranz). – Verh. Geol. B.-A., 255 – 265, Wien.
SIMONY, F. (1895): Das Dachsteingebiet. – Wien.
SPECKMANN, P., ZANKL, H. (1969): Das Steinerne Meer – geologischer Zeuge einer tropischen Flachsee. – Jahrb. des DAV, München.

SPENGLER, E. (1924): Geologischer Führer durch die Salzburger Alpen und das Salzkammergut. – Samml. geol. Führer, 26, Berlin (Borntraeger).
TOLLMANN, A. (1968): Die paläogeographische, paläomorphologische und morphologische Entwicklung der Ostalpen. – Mitt. d. Geogr. Ges., 110, S. 224 – 244, Wien.
TOLLMANN, A. (1976): Analyse des klassischen nordalpinen Mesozoikums. – Wien (Deuticke).
TOLLMANN, A. (1976): Der Bau der Nördlichen Kalkalpen. – Wien (Deuticke).
TRAUB, F. (1948): Beitrag zur Kenntnis der miocänen Meeresmolasse ostwärts Laufen/Salzach unter besonderer Berücksichtigung des Wachtbergkonglomerats. – N. Jb. Mineral. etc. Mh., B, 1945 – 1948, S. 53 – 71, S. 161 – 174, 4 Abb., 1 Karte, Stuttgart.
WILSON, J. L. (1975): Carbonate Facies in Geologic History. – 471 S., Berlin (Springer).
WINKLER-HERMADEN, A. (1950): Zum Entstehungsproblem und zur Altersfrage der ostalpinen Oberflächenformen. – Mitt. Geogr. Ges., 92, S. 171 – 190, Wien.´
ZANKL, H. (1962): Die Geologie der Torrener-Joch-Zone in den Berchtesgadener Alpen. – Ztschr. dt. Geol. Ges., 113/1961, 446 – 462, Hannover.
ZANKL, H. (1969): Der Hohe Göll, Aufbau und Lebensbild eines Dachsteinkalkriffes in der Obertrias der Nördlichen Kalkalpen. – Abh. Senckenberg naturf. Ges., 519, 1 – 123, Frankfurt.
ZANKL, H. (1971): Upper Triassic Carbonate Facies in the Northern Limestone Alps. – In: MÜLLER, G. (Hrsg.): Sedimentology of parts of Central Europe. – Frankfurt / M.
ZANKL, H. (1988): Geolog. Karte des Gebietes um die Gotzenalm, Regenalm und die Laafelder. – Arbeitstitel, unveröff.
ZELLER, M. (1914): Das Hochkaltergebirge (westl. und südl. Wimbachkette). – Z. d. Dt. u. Öst. Alpenver., Bd. 46, S. 157 – 200.
ZÖTTL, J. (1974): Karsthydrogeologie. – 291 S., Wien, New York (Springer).

Diese Angaben stellen nur einen kleinen Ausschnitt aus der weit umfangreicheren Spezialliteratur dar. Insbesondere Arbeiten zu Detailfragestellungen, wie z. B. der Karbonatmikrofazies oder Karbonatdiagenese, sind nicht angeführt, da sie wahrscheinlich nur für den Fachwissenschaftler von Interesse sein dürften.

Glossar

agglutinierend, verbackend, verwendet bei einer Ordnung der Foraminiferen. Diese bauen organische und anorganische Fremdkörper in ihre Schale ein.
Ammonoidea: Unterklasse der Cephalopoden, Kopffüßer.
Aptychen: Deckelklappen des Ammonitengehäuses.
Arcesten: Angehörige der Ordnung Ceratitida der Ammonoidea (Ammoniten), kennzeichnend für die Obertrias.
Asteriden: Seesterne, ein Unterstamm der Echinodermata, Stachelhäuter.
autochthon: noch am Ort der Bildung, Entstehung (Gesteine) oder Lebens (Tiere, Pflanzen) befindlich.
Bauxit: aluminiumreiche Verwitterungs- bzw. Bodenbildung unter subtropischem und tropischem Klima.
biogene: bezeichnet organisch entstandene Körper oder Komponenten, deren Teile oder Bruchstücke davon.
Bioturbation: von lebenden Tieren (Bsp. Würmer) verursachte Durchwühlung eines Sediments, Wühlgefüge.
bituminös: feste, flüssige oder gasförmige Kohlenwasserstoffe natürlichen Ursprungs enthaltend.
Bonebed: Knochenlagerstätte.
Brachiopoden: Stamm, Armfüßer. Tragen ein zweiklappiges Gehäuse, nicht mit Muscheln verwandt!
Brekzie: Gestein, das aus eckigen Komponenten (Bruchstücken) in einer Matrix besteht. Diese können tektonischen oder sedimentären Ursprungs sein.
Bryozoen: Stamm Bryozoa, Moostierchen, koloniebildend.
Calcisphären: org. gebildete feinste Kalknädelchen.
Calpionellen: gehäusetragende Wimperntierchen.
Cephalopoden: Kopffüßer, Klasse der Conchifera, wirbellose Tiere, zu denen neben anderen die Ammoniten gehören.
Coelenteraten: Untergruppe, zu ihnen gehören die Nesseltiere und Korallen.
Conodonten: ihrer Form nach zahnähnliche Gebilde eines unbekannten (Weich-) Tieres.
Crinoiden: Klasse, Crinoidea, Seelilien.
Detritus, detritisch: Gesteinsschutt, schuttenthaltende Gesteine, z. B. detritische Kalke.
Diagenese: Vorgang der Verfestigung eines Sediments unter Einwirkung von Druck, Temperatur und chemischen Prozessen und deren Folgen, zu verschiedenen Zeitpunkten in unterschiedlichem Ausmaß nach der Sedimentation möglich.
Dinariden: Gebirge zwischen den Südalpen und Asien.
Diploporen: kalkabscheidende Grünalgen.

Diskontinuität, Diskontinuitätsflächen: deutliche Trennung, Trennflächen.

diskordant: Aufeinanderfolgen von Schichten oder Schichtungen mit deutlicher Unterbrechung, oft auch mit einer anderen Lagerungsrichtung.

Doline: kleinere Karsthohlform, oftmals durch Einsturz entstanden, Karsttrichter.

Dünnschliff: auf Objektträger aufgeklebte Gesteinsscheibe von < 30 – 70 Mikron Dicke zur Betrachtung und Bestimmung von Fossilien, Gesteinsstrukturen und Mineralen im mikroskopischen Durchlichtverfahren.

Echiniden: Klasse, Seeigel und Seegurken.

Echinodermen: Stamm, Stachelhäuter, meist fünfstrahlig symmetrisch. Dazu gehören unter anderen die Seelilien, See- und Schlangensterne sowie Seeigel und Seegurken.

Eiszeiten: Zeiten in der Erdgeschichte, in denen aufgrund von entsprechendem Klima (kalt und niederschlagsreich) größere Bereiche der Kontinente von Eis bedeckt sind. Eiszeiten traten in der Erdgeschichte immer wieder auf. Die letzten Eiszeiten in Europa begannen vor etwa 1,5 – 2 Mio. Jahren und endeten etwa vor 8 – 10000 Jahren. Sie werden nach ihrer Ausdehnung in das Vorland der Alpen als Günz-, Mindel-, Riß- und Würmeiszeit bezeichnet (alpine Gliederung).

Erratische Blöcke: auffallend große, einzeln umherliegende Blöcke, durch Gletscher transportiert und/oder möglicherweise durch sie hindurchgeschmolzen.

Faltenmolasse: Durch die Nordbewegung der Alpen an deren Nordrand zusammengeschobener und gefalteter Abtragungsschutt (meist Gerölle) des sich hebenden Gebirges.

Fazies: Begriff, der alle Merkmale eines Gesteins umfaßt: Chemismus, Fossilinhalt, Mineralausprägung usw.

Fe: chem. Zeichen, Element, Eisen.

Fenster, **tekt**.: Bereich oder Gebiet, das Einblick in das Unterlagernde zuläßt.

Filamente: Bezeichnung für feinste Schalenreste, möglicherweise von Muschellarven oder Ostrakoden?.

fluviatil: durch Flüsse entstanden: (Landschafts-) Formen, Transport (von Geschiebe oder Geröllen).

Flysch: Sedimentgestein, dessen Ausgangsprodukte von Schwellenzonen in tiefere Bereiche umgelagert wurden, oftmals in Form von Trübeströmen oder Turbiditen. Zeitgleiche Entstehung mit den gebirgsbildenden Vorgängen. Auch: tektonische Einheit am Nordrand der Alpen, deren Gesteine durch o. a. Vorgänge entstanden sind.

Foraminiferen: Klasse, Kammerlinge. Einzellige marine Tiere, die Nummuliten und Fusulinen können sogar mehrere Zentimeter Größe erreichen.

Gastropoden: Klasse, Schnecken, gehören zu den Mollusca (Weichtiere) wie die Cephalopoden.

Glaukonit: dunkelgrünes Mineral komplexer chemischer Zusammensetzung, Bildung im marinen Milieu.
glazial: eiszeitlich, bezeichnet sowohl Formen wie auch Ablagerungen, die durch die Einwirkungen des Eises entstanden sind.
Gondwana: Ehemaliger großer Südkontinent, umfaßte Afrika, Südamerika, Indien, Madagaskar, Australien und die Antarktis.
Grauwackenzone: ehemalige Liegende der Nördlichen Kalkalpen, heute südlich davon aufgeschlossen und mehr oder weniger metamorph beeinflußt.
Halobien: Gattung, Muscheln.
Hämatit: Eisenerzmineral, Fe_2O_3.
hangend: bergmännisch für überlagernd (z. B. Schicht).
Helvetikum: tektonische (Decken-) Einheit am Nordrand der Alpen mit gegen Westen größer werdender Bedeutung, vermittelt zwischen der Tethys und dem germanischen Raum, kann auch hangend in den Flysch übergehen.
Hippuriten: Ordnung der Muscheln, ungleichklappig und oft übereinander liegend in großer Zahl auftretend.
Hochjuvavikum: Berchtesgadener Decke, umfaßt Reiteralm, Lattengebirge und Untersberg. Höchste Deckeneinheit in den Berchtesgadener Alpen, möglicherweise aus einem Ablagerungsraum südlich des Tirolikums stammend.
Holothurien: Klasse der Echinodermata, Seewalzen und Seegurken.
Hornstein: knollige Kieselsäureaggregation, meist diagenetisch entstanden. Die Kieselsäure (SiO_2) dürfte den Skletten von Radiolarien und/oder Schwammnadeln entstammen.
hypersalin: (Meeres-) Wasser mit einem gegenüber den normalen Verhältnissen deutlich erhöhtem Salzgehalt (z. Bsp. durch Eindampfung).
interglazial: zwischen zwei Eiszeiten.
intraformationell: in Zusammenhang mit dem Begriff „Brekzie": in der Brekzie sind Gesteinskomponenten aus der gleichen Schicht, zu der die Brekzie gehört, aufgearbeitet.
Intraklast: eine sedimentäre Komponente, die durch Aufarbeitung eines schon zumindest zum Teil verfestigten Bereiches während zeitgleicher Sedimentation hervorgeht und wieder eingelagert wird. Besteht oftmals aus einem oder mehreren Biogenen.
jungkimmerisch: Phase der alpidischen Gebirgsbildung, um die Wende Jura – Kreide.
Karbonat: Salz der Kohlensäure. Dazu gehört die Kalzit- und Dolomit-Reihe, ebenso als wasserhaltige Karbonate Malachit und Azurit. Oft verwendet um Kalzite und Dolomite begrifflich zusammenzufassen.
Karbonatproduktion, primäre/sekundäre: Kalk- und Dolomitbildung. Primär: durch Organismen oder frühdiagenetisch aus wässriger Lösung. Sekundär: spätdiagenetisch oder durch Umbildung und Umkristallisation im bereits verfestigten Sediment, vorwiegend chemisch.
Karst: eigentlich: Gebietsbezeichnung aus dem slowenisch-kroati-

schen Raum. Von dort abgeleitet für die chemische Verwitterung oder Lösung von Gestein (z. Bsp. Kalklösung durch Regenwasser und CO_2), oftmals verbunden mit daraus resultierender unterirdischer Entwässerung der betroffenen Gebiete.

Klastika: Sedimente und Sedimentgesteine, die aus Aufarbeitungsprodukten anderer Gesteine bestehen.

Knauern: Knollen, bis zu Kopfgröße, oft in Verbindung mit Hornstein.

Konglomerat: Verfestigte Schotter mit runden oder gerundeten Komponenten, im Gegensatz dazu Brekzie mit eckigen Komponenten.

konkordant: in ununterbrochener Sedimentationsfolge übereinanderliegend.

Laterit: eisenreiche rote Verwitterungs- bzw. Bodenbildung unter subtropischem und tropischem Klima.

liegend: bergmännisch für unterlagernd (z. B. Schicht).

Lineamente: mehr oder weniger gerade Strukturen, die sich im Luftbild abzeichnen, oftmals tektonischen Ursprungs (Klüfte, Störungen) oder durch Schichtung bedingt.

Lithifizierung: Prozeß, der aus einem Sediment Festgestein bildet. Schließt sämtliche Vorgänge der Diagenese ein.

Lithoklasten: s. Klastika, Vorsilbe Litho bedeutet Gesteinsbruchstücke. Dagegen: Bioklastika, aus organisch gebildeten Bruchstücken.

Lithologie: Umfaßt die (makroskopischen) Charakteristika eines Gesteins.

Lithosphäre: die äußerste dünne Kruste der Erde.

Lumachelle: Kalk, der gesteinsbildend vorwiegend aus Muschelschalen besteht.

Magnesit: Mineral der Karbonate, selten primär, meist diagenetisch und durch metamorphe Einflüsse gebildet.

Mangelsedimentation: in Relation zu der zur Verfügung stehenden Zeit äußerst geringe Sedimentablagerung, dadurch Lösungserscheinungen und/oder Anreicherung anorganischer Stoffe.

Matrix: Grundmasse eines aus mehreren Komponenten zusammengesetzten Gesteins.

Mega: Vorsilbe: Groß-, sehr großer.

Megalodonten: eigentlich Conchodon, Gattung heterodonter Muscheln, Conchodon infraliassicus massig im Dachsteinkalk.

Mesozoikum: Erdmittelalter: Trias, Jura und Kreide, adj. mesozoisch.

Mikrit: feinkörniges Karbonat, lichtmikroskopisch nicht mehr auflösbar.

Mn: chem. Zeichen, Element, Mangan.

Molasse: Nach der Gebirgsbildung entstandener Abtragungsschutt (Sandsteine, Konglomerate, Brekzien), auch verwendet für das Gebiet, in dem dieser Schutt abgelagert wird.

Monotiden: Gattung, Muscheln.

Moräne: (blockige) Ablagerungen der Gletscher. Flächenhaft als Grundmoräne, in Wallform als End- und Seitenmoränen bzw. Rückzugsstadien.

Morphologie: äußere Erscheinungsform.

Nagelfluh: verfestigte pleistozäne Flußschotter (Konglomerate), auch verfestigte Schotter der Molasse.
Nannoplankton: mikroskopisch kleine, im Wasser schwebende Lebewesen, meist Pflanzen.
Nautiloideen: Unterklasse der Cephalopoden, Kopffüßer.
Neokom: Unterkreide, Berrias-Barreme.
neritisch, **neritische Kalke**: in flachem Meeresbereich (bis zu 100 – 200 Meter Wassertiefe) gebildete Kalke.
Olistholith, **Olisthostrom**: Rutschkörper, Rutschmasse von beträchtlicher Größe.
Ooid: meist nur wenige Millimeter große runde Körper mit konzentrischem Lagenbau, zeigen bewegtes Wassermilieu an.
opak: im Durchlicht unter dem Mikroskop undurchsichtig.
Ophiuren: Schlangensterne, Unterklasse der Echinodermata.
Ostrakoden: Muschelkrebse.
Paläozoikum: Erdaltertum, Kambrium – Perm.
parautochthon: trotz Verlagerungsvorgängen noch mit ihrem Herkunfts- oder Entstehungsgebiet in Zusammenhang stehende Gesteine oder Decken.
pelagisch: in landfernem Hochseebereich mit entsprechender Fauna oder Sedimenten.
Penninikum: bedeutende lithologisch-tektonische Einheit der Westalpen, in den Ostalpen nur in Fenstern aufgeschlossen. Metamorphe Gesteine und Gesteinskörper, die aus alten Kernen paläozoischen Alters und umgebender Sedimentgesteinshülle bestehen.
penninisch: dem penninischen Ablagerungsraum entstammend, ehemaliger Meeresbereich zwischen „Afrika" und „Europa".
periglazial: Gebiete und Bildungen solcher Gebiete, die die eis- und schneebedeckten Bereiche umgeben.
PHI: Korngrößenmaß: $-\log_2 d$
(d = Durchmesser)
phreatisch, **phreatische Zone**: im vom Grundwasser erfüllten Raum.
Placoidschuppen: Hautzähne der Knorpelfische, Haie.
Plattentektonik: die Bewegungen der Kontinentplatten auf dem Erdmantel (Kontinentaldrift) sowie die Lehre der damit verbundenen verschiedenen Vorgänge.
Point-counter Methode: Auszählverfahren bei Dünnschliffen.
Polje: große geschlossene Karsthohlform mit unterirdischer Entwässerung.
polygonal: vieleckig.
polykristallin: aus mehreren Kristallen bestehend.
postsedimentär: nach der Sedimentation.
Pyrit: Mineral, Schwefelkies, FeS_2.
Radiolarien: Strahlentierchen, im Wasser frei schwebende Einzeller, oft mit Gehäuse aus Kieselsäure, diese können in gesteinsbildender Menge abgelagert werden.
Rauhwacke: Kalke und Dolomite mit zellig-porösem Aussehen, meist durch Lösung bedingt.
Rhodochrosit: Mineral, Manganspat, $MnCO_3$.

Riftvalley: benannt nach dem ostafrikanischen Rift Valley, einem Grabenbruch mit einhergehendem Vulkanismus, markiert beginnende plattentektonische Prozesse (Auseinanderbrechen). Das System in Afrika ist über 4000 km lang, von Ausläufern in Syrien bis zum Sambesi.
Rudisten: am Boden festgewachsene Muscheln mit ungleichen Klappen, koloniebildend.
Scaphopoden: Grabfüßer, Klasse der Conchifera, Mollusca, Weichtiere.
Schillage: lagenweise Anreicherung von Schalenresten, meist von Muschelschalen.
Sediment: Ablagerung, Sedimentation ist der dazugehörige Vorgang, es entstehen Sedimentgesteine: klastische, biogene oder chemische.
Seladonit: Mineral komplexer Zusammensetzung in basaltischen Eruptivgesteinen.
Silizium: Element, Si.
Silt: feinkörniges klastisches Lockergestein.
Smektit: Tonmineral, oft als Verwitterung basischer Magmen.
Speläomorphologie: Lehre von der Form unterirdischer Hohlräume, daraus die Entstehungsgeschichte ableitend.
Spongien: Stamm, Schwämme.
Spongiennadeln: stützende Skelettelemente der Schwämme, vorwiegend aus Kalzit, aber auch aus Kieselsäure.
Stratigraphie: zeitliche Einstufung der Bildung der Gesteine oder verschiedener Ereignisse unter Verwendung einer entsprechenden Zeitskala, welche absolut oder relativ sein kann, adj. stratigraphisch.
Subduktion: Verschluckung von Lithospäre, vorwiegend Subduktion ozeanischer Kruste (schwer) unter kontinentaler Erdkruste (spezifisch leichter).
Subsolution: Anlösung von Karbonaten unter Wasser.
Supernova: plötzlich aufglühender Stern, der dabei ein vielfaches seiner sonstigen Energie freisetzt, endet in der Regel mit einem Kollaps.
synsedimentär: während der Sedimentation, zeitgleich mit der Ablagerung.
Tektonik: Lehre von den Bewegungen und den sie verursachenden Kräften in der Erdkruste, wird auch nur beschreibend verwendet.
terrigen: festländisch, vom Festland kommend.
transgredieren: übergreifen, Meer auf Land, eine geologische Schicht über andere, adj. transgressiv.
Travertin: Kalktuff oder -sinter an Quellen.
Turbidit: Trübestrom, der meist am Schelfrand große Mengen Sediment mit hoher Geschwindigkeit in tiefere Meeresbereiche umlagert.
Uvala: durch das Zusammenwachsen von mehreren Dolinen entstandene Karsthohlform.
vados: vadose Wässer: versickernde Wässer, auf dem Weg zum Grundwasser. Vadose Zone: Bereich im Gesteinskörper, der von den Sickerwässern durchquert wird.

Schichtenverzeichnis (alphabetisch):